Hello!!
Work

Hello!! Work

僕らの仕事の
つくりかた、つづきかた。

聞き手＝川島蓉子
語り手＝皆川 明

リトルモア

目次

第二章　クリエイションのこと

第三章　工場と店のこと

第四章 会社組織のこと

第五章 経営のこと

はじめに

川島蓉子

とあるセレクトショップで目にとめた一枚のブラウス――それが「ミナ ペルホネン」（当時は「ミナ」）を率いる皆川明さんとの出会いだった。楕円の群れがリズミカルな線画で描かれていて、透明感のあるとりどりの色がのっている。織りにかすかな凹凸があって、独特の風合いを生んでいる。「身に着けてみたい」と強く感じた。以来20年にわたり、春先に手を通す一着になっている。

最初にインタビューした時のことも覚えている。やわらかい笑顔を浮かべながら訥々《とつとつ》と言葉を紡いでいく。意志を貫きながら、かたちにしていく体力と精神力が伝わってくる。

今あるファッションの流れと似たような服を作るのではなく、違うものを作りたいしやってみたい——ファッション業界の常識にとらわれない特異性があり、力強さと頼もしさを感じた。

27歳の時に一人でブランドを立ち上げ、今にいたっている皆川さんの経歴は、アパレル会社に所属する、ファッションデザイナーに師事してから独立し、自分のブランドを立ち上げる常道とは異なる。

自分が抱いた疑問に対し、解を求めて新しい途を拓き、たゆまず前に進んできた——焦らずあきらめず、四半世紀にわたって続けることで、ひとつの途を作ってきた。

「ミナ ペルホネン」の軌跡には、業界のルールと異なることがいくつも含まれている。

服を布からオリジナルで作っているのもそのひとつ。皆川さんは、日本の工場と一緒になってもの作りを続けてきた。

すべての布をゼロから作るブランドは、世界のファッションデザイナーの中で稀な存在と言っていい。

またファッションの世界には、半年に一回、新しいコレクションを発表するという決まり事がある。半年をワンサイクルとする仕組みが、産業構造に組み込まれているのだ。ただ、大量生産・大量消費が加速度化する中で、これは自己矛盾を孕んでもきた。売れ残った服はどうするのか、売れ残りを回避するためにセールの時期を早めていいのかどうかなど。

皆川さんは、シーズンを越えて服を売ることや、昔作った布を復活させることを、以前から続けてきた。

それも大量生産を否定しているのではなく、半年という短期に限定せずに長期にわたってできないかと。一度に1万枚ではなく、10年、20年かけて1万枚を作っていく――長きにわたって売ることで、結果的に大量と呼べる数字を目ざしてきた。

販売についても同様だ。通常のブランドは、百貨店やファッションビル、郊外のモールなどに出店して多店舗展開をしていくのだが、皆川さんはその途を選ばなかった。地方も含め、自分たちが良いと思った場所に店を構え、直営店として運営してきたのだ。セールを行なわない方針を貫いてもいる。ひとつひとつの服作りを大切に、売り切ることを前提とした服作りを考えてきたのだ。

ある時、皆川さんの口から「僕の頭の中でデザインと製造計画はセットになっているんです」という言葉が飛び出した。布や服をデザインしながら、どの工場で作るのか、どれくらいの時間とコストがかかるのか考えるという。

ファッションデザイナーが、商売の勘所も備えている。これは稀なことと興味が湧いた。多くのデザイナーは、両者のバランスをとることに苦心しているから——クリエイションにエネルギーを注ぐあまり、ビジネスがなおざりになってしまう。逆にビジネスだけを優先させたあまり、クリエイションが弱まってしまう。

皆川さんはそうではない。クリエイションとビジネスのバランス感覚を併せ持った人なのだ。

しかもビジネスに向ける眼差しは、自社に限ったことではない。広く社会に向けても拓けている。

働くことが年齢で区切られるのに疑問を抱いた皆川さんは、東京・青山にある「コール」という店を開くにあたり、ショップスタッフの年齢制限をはずした。90歳を越えた人も働ける場を作ったのである。

人は本来、お金のためだけでなく、嬉しいという感情的な喜びを得るために働く。喜びとは、誰かや何かの役に立ったという貢献によって得られるもの――それが作り手にとっての喜びとなり、より良いもの作りへと向かわせる。

良いものが循環することで、喜びという感情が循環し、作り手と使い手の思いが循環する。そのための道具として、お金は必要不可欠という文脈には、思想のような重みさえ感じる。

皆川さんがやってきた仕事と、そこに込められた視点は、働くことをはじめ、多くの人が抱いている疑問へのヒントになるのではと筆をとった。

手にとってくださった方にとって、少しでもお役に立てば幸いです。

装丁＝サイトヲヒデユキ

第一章

働くこと

怠けず、慌てず、諦めず
人の為に動く

01.
働く喜び

◉上達に時間がかかるから一生やっていける

──皆川さんは、「ミナ ペルホネン」を率いるファッションデザイナーであり、「ミナ」という会社の社長でもあります。一方で、海外を含めた他社から、服に限らず家具や雑貨のデザインを依頼されたり、国内外で展覧会も行なっている。いくつもの役割を担っています。

僕自身のことで言えば、たとえばファッションデザイナーという仕事について、順調にやってきたと思われるかもしれませんが、そうでもないんです。

ファッションデザイナーになろうと決めたのは自分ですが、決めた時の理由は、手先が器用じゃないので、この仕事は上達するのに時間がかかる。だから一生やっていける。そう考えて始めたところがあります。

一度選んだ職業について、楽しいとかつまらないとか、うまくいくとかいかないとかでやめるつもりはないし、目の前にある課題を見つめ、ひとつひとつ力を尽くしてやっていくことに意識を集中する。同時に、なるべく長いスパンで考えて、遠くの風景を見るように心がける。そんな風にやってきました。

長い時間をかけてできるようになればいい、あまり早く習得するのはどこか怖いという思いがあったのかもしれません。

両親は「お前はファッションデザイナーよりサラリーマンに向いている」と言っていたんです。

父親は中卒でサラリーマン、特別大きな出世もなく、定年まで働いた人です。僕は父親と話すのが少し苦手でしたが、ずっと同じ仕事を続けている父親を、心の中で尊敬していました。

だから、何かを仕事にすると決めたら一生続けようと若い頃から決めていて、ファッションという仕事をあきらめなかったのです。

そして実際のところ、ブランドを作って育てていくのにずいぶん時間と経験が必要でしたが、一度もやめようと思ったことはありませんでした。

ファッションデザイナーという仕事を通して、たくさんの喜びを得ることができたし、とても良い経験ができたと思っています。

◉「せめて100年」

――そもそも皆川さんは、どうやって自分のブランドを立ち上げたのですか。

ファッションの仕事に就こうと文化服装学院に入ったのですが、夜間部に通いながら、まずは縫製工場でアルバイトを始めました。

お客さんの注文によって服を作るオーダメイドの会社で、パターン（服の図面）をひくアルバイトをするようになりました。そこで3年ほど勤めました。

その後勤めたのは、布から自分たちで作っているところで、人数も3人くらい。布の発注をしたり、工場に縫製を依頼したり、お客さんに服を届けに行ったりと、一人で何役もこなさなければなりませんでしたが、服を作って売るという全体像を勉強することができたんです。

そうしているうちに、自分が作ってみたい服の方向も、ぼんやりと見えてきました。ファッションとは、着ている自分を心地よくしてくれるもの。だから、自然の環境や四季に合わせ、人が空想し、感情を込められるデザインをしたいと思うようになったのです。

その会社で3年ほど働いた頃、そろそろ自分で服作りしてみようと、1995年、27歳の時、思い切って一人でブランドを立ち上げました。

それが「ミナ」です。

ブランドを立ち上げる時から、僕一人が人生で持っている時間だけでは、ブランドを育てるのに足りない、長く継続することが大切と考え、「せめて100年」と書いて決意したんです。

100年経った時に、こうあったらいいと想像していることができているように、そして一緒に服を作っている工場も続いているようにと。

自分の人生だけでは、頭の中で考えていることに追いつけない。「こんなことができるだろうな」と自分が思い描いていることは達成できないと思ったからです。

中学時代からやっていた陸上競技の影響もありました。陸上をやっていると、筋力的なことも含めて、頭で描いているイメージに身体がついていかない。「こういう風に走りたいな」と思っているのに、どうしてもできない。それでもあきらめずに練習することが当たり前のように続くんです。

永遠に理想に行き着けそうもないけれど、それでもやり続けるということです。そうしているうちに、ある日ふとできるようになっている。けれどその先にまた、次の目標が見えてくる。その繰り返しでした。

――なぜ100年にしたのですか。

数字そのものに大きな意味はなくて、自分が受け持つ30年くらいのことを具体的に想像するには、100年のプランから始め、そこから逆算して考えればわかりやすいと思ったのです。

理想型としてのゴールは頭の中でイメージできているのだから、「100年後はこうなっていたいな。そのための30年について、自分はこう過ごそう」と決めるところから、僕の仕事は始まったんです。

100年という遠くを見つめれば、近くの小さな波に心をとられることも、すぐそこの終点＝完成だけを目ざしてプロセスがおざなりになることもない。

人生という枠の中で、自分がデザイナーとして達成感を得ようとすると、今とは違う方法論になるのかもしれませんが、100年にわたるブランドの姿を思い描くと、自分がかかわる30～40年というくくりの中で、一部の役割を果たす覚悟ができる。

ゴールが遠くにあることをわかってはいるのですが、そこまで走り切らなくてもいい。バトンタッチまでのことをきちんとやろう。そうとらえれば、ゆとりある気持ちで仕事に向かえますよね。

それも、100年のうち30年やったから残りの70年を考えるというより、いつもこれからの100年はどうなっているかを思い巡らすこと。次の代がより良い環境になるように、先を見据えて行動すること。それが大事と思ったんです。

――「100年続くブランド」は揺るぎないわけですね。

はい。ブランドを立ち上げて16年経った2011年に『minä perhonen?』という本を作りました。その中の文章です。

せめて100年は続けよう、と皆川が「ミナ」を始めてから15年が過ぎた。「今」、2010年は100分の15を終えた地点ではなく、なお100年後を見つめている通過点だ。

ブランドを始めた皆川のデザイナー人生より長く、ブランドを継続させたい、私たちはブランドを継続する中で、一時的な社会や市場の変化、また経営的な波ばかりに目を奪われないように、視線の先は遠くを見つめるブランドでありたい。

遠くを見つめていれば、近くの小さな波に心取られて軸を見失わなくてすむ。完成（終わり）のない道を歩くゆとりがそこにはあるはずだ。

経営や完成を思い、そこに向かうと「途中」は意味を持ちづらく、「現在」に視点を合わせづらい。

終わりのない気持ちで今を大切にしていれば「今」を人生の大切な時間として見つめ、その場所で精一杯過ごせる。そして過剰な目的を持たずにいられる。

◉人は「記憶」を作るために生きている

――皆川さんにとって、働くことの意味はどこにあるのでしょう。

「働くとか、お金って、何のためにあるのだろう」ということや、「失敗は何のためにあるのだろう」「自分は働くことを通して何をしたいのか」など、長い間、疑問に思ってきたことが、ここ数年シナプスのようにつながって、納得のいく答えがわかり始めたんです。

人が一生をかけて心に持ち続けられる資産は「記憶」しかないというのが答えのひとつ。おいしいものを食べたこと、好きな趣味に没頭できたこと、どこかに旅行に行ったことなどは、その人の「記憶」となって存在します。

手に入れたものより、体験した「記憶」の方が人生にとっては大切なことで、その人の人生を決めているのです。

少し極端に言うならば、人は「記憶」を作るために生きていると言っていいのかもしれません。

なぜかというと、人生を振り返る時には、必ず「記憶」が介在しているから。そして「記憶」とは、時間が経って、より豊かに熟成していくものだから。

記憶は事実と違い、思考と事実とがくっついたものであり、自分次第で良い方向にも変えられる。

失敗した事実も、「ああ、あの失敗があったおかげで今がある」というように、後から思考と結びつけることで、良い記憶にすることができるのです。

それは労働についても同じです。

人は、起きている時間の半分くらいは働くことに費やすわけですから、自分の労働に喜びを持てて、生涯をかけて良い記憶を作っていく方が、ずっと充実感がありますよね。受動的につまらないと感じて過ごすより、充たされた時間を過ごした方がいいに決まっていると思うんです。

――働くことも「記憶」の一部を作っているのですね。

はい。労働の本質は、働いて嬉しいという「記憶」を持つことにあると思っています。家族や隣人など、誰かの役に立って嬉しいということが暮らしの一部をなしていて、それを生きている限り感じ続けたいというのが、人間の本質ではないか。そんな風にとらえています。

◉労働の本質は「体験の記憶」

――働いて嬉しいという「体験の記憶」について、もう少し具体的に教えてもらえますか。

たとえば、僕らが作った服をお客様が本当に喜んでくださって、次にお店を訪れてくれた時に、「こんなところでこんな風に着たらとても楽しくて」と話してくださる。あるいは、みんなで大きな仕事をやり終え、展覧会の幕が無事に開いて、美術館を訪れた方々が楽しそうに巡っている。

最初は難しい顔をしていた工場の職人さんが、一緒にもの作りしていく中で徐々に打ち解けてくれて、思い通りの布ができあがった時に笑顔を浮かべてくれる。

そういう瞬間は何度体験しても嬉しいものだし、僕の記憶の大事なところを作っていて

「良い体験の記憶」になっているんです。

働いて感じる「喜び」は、そういう記憶の積み重ねのようなもの。後から振り返った時に、お金をもらったことより貴重なものになっている。いわば生涯の財産と言っていいと思います。

人生の喜びの一部を、労働がかたち作っているのです。

——働いていると、苦しいことや辛いことがたくさんあって、すべてを喜べないと感じますが。

仕事にはハードな部分がたくさんあります。しかし、きつくて大変なことがある一方で、価値がある仕事をしているという喜びもあり、その二つが同居しているのです。

陸上競技では、選手は常に、きつさと喜びの双方を感じながら自らを鍛え、成長していく。そこは仕事も同じと思い、やってきたところがあります。

だから「きつい」が「やめよう」になることはありません。「きつい」というのは避けようのない事実ですが、「やめよう」というのは本人が決めることですから。

この辛いハードルを越えたら、どれだけの喜びがあるかを見る癖がついたようです。

苦しいからとか辛いからとか、あまり間口を狭くせず、長い一生の中の一部と思って働いてみてもいいのではないでしょうか。

厳しい面、苦しい面、喜びの面というものが、どういう風に自分の中で同居しているか、同居できるのか、観察力をもってのぞむことが大事かもしれません。

また「喜び」という言葉は、「楽」や「楽しさ」という言葉とは、異なる意味を持っています。「楽」はイージー、「楽しい」はエンジョイ、「喜び」はハッピー。

やらなくてすんだという「楽」と、今この時が愉快という「楽しさ」と、心から嬉しいという「喜び」はレベルが違うことのように感じます。

働いて得る喜びとは、一人で得られるものではなくて、自分がかかわったことが誰かの役に立ったと実感した時や、自分のやった労働に対して「ありがとう」と言われた時などに、心身の中からわき上がってくるものですよね。

「喜び」は一生にわたる感情です。自分一人のものでなく、人と共有できるからこそ生まれてくるもの、そんな風に思うのです。

02.

働くことは貢献すること

◉必要とされて、やったことが役に立っている

――働くということは、どういう喜びから成り立っているのでしょうか。喜びについて、もう少しひもといてもらえますか。

そのあたりの整理はまだ途上ではあるんですが、だんだんわかってきているという感じです。

僕の中には、労働の満足とは報酬だけではない。他者の利益や幸福に貢献できることが尊いという考えがあるんです。

貢献とはどういうことかというと、必要とされて、やったことが役に立っているという

ことです。

若いうちから、学ぶため、食べるために、さまざまなアルバイトをしてきた経験があるからかもしれません。18歳からやってきたアルバイトは、縫製工場や魚市場などでした。報酬はさほど多くないし、大きな昇給があるわけでもないんです。

お金のためだけに働いていると考えると、あまり嬉しくないかもしれません。毎日の仕事をやり続けるため、喜びを感じるにはどうしたらいいんだろうと、自分なりに考えていたんだと思います。

労働の満足が、報酬としてのお金だとしたら、報酬の少ない人たちは労働の満足が少ないことになってしまうけど、現実はそうじゃない。

縫製工場でも魚市場でも、みんなが生き生きと仕事していました。だったら何が、その人たちを働かせる動機になっているのかと考えました。そして、やりがいから生まれる喜び、役に立って嬉しいと感ずることとわかったのです。

この服を着た人が嬉しがってくれたとか、この魚を食べた人が喜んでくれたとか。それは貢献だと思ったのです。

——昨今は、企業活動と社会への貢献について、さかんに言われるようになっています。社会というとちょっとおおげさですが、社会とは本来、人々が生活している世の中、いわば世間ですから、身近なものとしてとらえた方がいいですね。

あらゆる労働は、何らかのかたちで社会とかかわっています。だから、自分の労働が社会とどういったかかわりを持ち、どう役に立っているのかについて考えるのも大事なことだと思っています。

これは、世の中のあらゆる仕事について言えるのだと思います。

労働の満足には、まず社会に貢献する喜びがあって、同時に自分の日々の暮らしを営むための報酬にもなっている。それは僕にとって、割合と大きい発見でしたね。

だから僕らの仕事、つまり貢献には、使う人＝消費者だけじゃなくて、作る人＝製造者も含まれていなくてはならないのです。

製造してくれる工場の人たちが、「もっとやりたい」「あなたのところと仕事したい」と思ってくれるから、僕らは安定して服を作ることができるし、お客様にきちんとお見せすることができる。

製造者に「作りたい」と思ってもらうには、その人たちに適正な労働を確保し、報酬を与え続けることは大切です。

つまり僕らは労働を通して、お客様の「買いたい」と、工場の人たちの「作りたい」、両方への貢献を作っていかないといけないのです。

◉労働と報酬の関係

――誰かの役に立つのが喜びとすると、報酬、つまりお金はどういう位置づけになるのでしょう。

人が社会で働くのは、自分の自我とか思いだけでなく、またお金のためだけでなく、誰かの役に立っていると喜べるから。

だからと言って、対価としての報酬は軽んじられるものではありません。

お金とは、貢献と意欲を持続させるための、いわば道具なのです。道具だと言った意味はどこにあるかというと、労働と労働は、価値の等価交換が難しいので、一回お金に換えて交換している。いわばハブみたいな存在です。

僕らが使うお金は誰かの報酬になっているし、僕らの得る報酬は、誰かが僕らの労働に対して使ったお金なのです。


労働には、金銭的な価値と感情的な価値の二つが含まれていると、僕は考えています。金銭的な価値と感情的な価値、どちらか一方だけでいいという人は、実際のところ、ほとんどいないのではないでしょうか。

金銭的な価値だけで、感情的な喜びが何もないというのももったいないし、感情的な喜びだけで金銭的な価値はいらないというのも偏った話だと思います。

僕らの仕事は、お客様が長きにわたって愛用し、幸せな気分でいてもらえる服を作ること。そこには、服を作ってお金をいただくという金銭的な価値と、着ていただいていて嬉しいという感情的な価値の二つが含まれています。

その二つはきっちり分けることができなくて、働く目的の中で一体化しているのです。

また、労働に対する金銭的な価値は、いくらというように固定されていますが、感情的な価値は、無限に大きくなっていく可能性がある。そこはおもしろいところです。

自分の労働がどんな喜びをもたらしてくれるのか、そこがはっきりしていないと、金銭的な価値ばかりに目が行ってしまう、あるいは他の欲に偏っていってしまう。そんな気がしています。

――どうしてもお金や効率が前に立つイメージがあるのですが。

仕事とは労働の対価としてお金を得ることだという価値観が生まれたのは、資本主義が生まれてからのことではないでしょうか。労働を提供するのが労働者、労働の対価としてお金を渡すのが資本家という構造です。

でも、人が労働者と資本家に分けられる前は、仕事とは生きることそのものであり、家族や隣人の役に立って貢献することを意味していたのではないでしょうか。

労働の目的がお金と割り切ってしまうと、労働に対して受動的になり、「お金をもらう代償としてやらされている」、「とりあえず給料をもらえればいい」となりがちです。同じ働くのであれば、早く時間が過ぎないかと思ってやるより、嬉しいという感情的な価値があった方がいいですよね。

そのためには、自分はこういうマインドで仕事に向き合っているという自分なりの考えが必要ではないでしょうか。主体的に行動し、続けていくことが、労働のクオリティを上げていくのです。

逆に自分が受動的になると、何かの理由にしてしまう。「〇〇のせいで自分はできなかった」という記憶は、後になっても嫌な気持ちとつながっていますよね。

でも、主体的に仕事にかかわっていけば、「自分がこうしたいと思い、がんばってみたら少しできた」という風に、自然と「良い体験の記憶」が増えていくのです。

自分の働きが、誰かの満足への還元になったという手応えは、「次はもっとやってみよう」につながっていく。そうやって、人は少しずつ成長していくのではないでしょうか。

03.

労働は循環している

◉物と感情が巡っている環

――世界に並いるファッションブランドの中でも、「ミナ ペルホネン」のように、すべての服の布をオリジナルで作っているところは珍しく、縫製なども、アジアをはじめとする海外で行なうブランドがほとんどです。

僕らの仕事は、サービスを物質化する製造業だと思っています。

僕は、良いものを作っている日本の工場の人たちとひとつのチームとなり、服を作ることを続けてきました。日本の工場が持っている優れた技術をもとに、より良いものを作る試みを続けてきたのです。

お客様に喜んでいただける良いものを作り、それに見合った対価をいただいて、工場に相応のお金を支払う。工場と信頼できる関係を保っていけば製造業として強くなれる。そう思ってやってきたところがあります。

とともに、もの作りに携わっているチームの皆が喜びを共有し、一緒にやっていくことを大切にしてきました。

もの作りの原点には、良いものができたという喜びと、それを誰かに使ってもらえる喜びの両方がある。作る喜びと使ってもらう喜びの双方が含まれているんです。

――服を作って売ることを通して、作り手と使い手がつながり、そこに喜びが生まれているということですね。

ものを手に入れる時にお金を払います。そして、手に入れたものを暮らしの中で使っていきます。

気に入って愛用することで、ものは物質という価値に限定されることなく、その人にとっての良い記憶につながっていくのです。

一方、ものを作った人にとって、あるいは売った人にとって、使い手の暮らしの中で役に立っていることは、嬉しいことのひとつです。なぜなら自分の労働の成果が、何かに貢献したという手応えを感じることができるから。

その喜びは、もっと良いものを作ろうとか、もっと丁寧に売ろうという感情になり、次のものに込められていく。

そうやって作られたものが、また使い手にとっての喜びになり、いずれは良い記憶を作っていくのです。

◉お金をどう使うか

――循環の中にお金は必ずかかわってきます。皆川さんにとってのお金の価値は、どのようなものなのでしょう。

お金について思うことは、お金そのものの価値というより、それを使って何をするのかということです。

僕らの日常生活のベースには、何らかの経済活動が生まれています。食べることも、着ることも、趣味を楽しむことも、その根底に経済が存在し、かかわりを持っている。贅沢をするという意味でなく、暮らしそのものを楽しむために、何らかの経済活動が営まれていることが多いです。

経済やお金は、本来、それくらい身近な存在なのに、普段の生活の中で気にとめることが少ない人も多いのかもしれません。

でも、日々の暮らしの多くが経済活動であると思えば、お金を手に入れることだけでなく、どう使うかについて、もっと考えるのではないでしょうか。

お金とはあくまで道具であり、誰かと何かを交換するツールであるにもかかわらず、お金を持つことが目的になってしまっているとしたら、少し見直す必要があると思います。

――労働とお金も循環していると考えていいのでしょうか。

お金をより良く循環させることで、自分の労働がより良くなっていき、一緒に仕事をしている人たちの労働もより良くなっていく。お金は、自分の暮らしを支え、かかわっている人たちの暮らしを支えてもいく。労働とお金は、そんな風にかかわっているのが理想ではないでしょうか。

たとえば、工場の人たちが僕らと一緒になって布や服を作っている。それに対してお客様が払ってくださったお金は、僕らの労働と工場の人たちの労働の価値に対してなのです。

なぜお金が増えるといいのですか、という質問があったとしたら、それをうまく循環させることで、自分の喜びが他人の喜びにつながり、みんなの幸せを考えることが、最終的に自分の幸せを考えることにつながっていく。

お金を通じて誰かを支え、お金によって誰かに支えられている。

より良い物が循環することで、嬉しいという感情が循環する。作り手の思いと使い手の思いが循環する。

お金はそういう営みのために必要な道具。そんな風に答えると思います。

僕らの労働は、物質としてのものを循環させているのですが、同時に喜びや記憶といった感情を循環させてもいる。そしてこの循環が、少しずつ成長しながら、ずっと続いていくことを、僕は大切にしてきました。

そんな全体の循環のバランスを図っていくのも、僕らがやれることのひとつ。〝つづく〟という環の関係を作ることをこつこつやってきたし、これからもそうしていこうと思っています。

04.

仕事とは旅

◉「ランナーズハイ」になる

――時代のスピード感もあるのでしょうか。自分に向いている仕事を早く見つけ、そこで活躍したいと、急いでしまう風潮があると思います。

人間の成長の仕方は、直線的な人と放物線的な人とさまざまで、僕は、成長しそうだという時期は、人それぞれで個人差があり、それも含めて個性ととらえているんです。

少し長いスパンで仕事に向き合う姿勢があってもいいのではないでしょうか。最初の数年は、仕事のスピードやレベルになかなかついていけなくて、「向いていない」と感じることもあるでしょうが、そこは一回、我慢した方がいいと思うのです。

何をスピーディーにしなければならないのか、何にじっくり取り組まなければならないのか、自分なりに見極められるようになってから、やめるやめないを決めた方がいいのでは。そのためには、数年の経験は要すると思います。

やめて次、また次へとなっていくと、ちょっとしたことでやめることにつながってしまいかねない。それが本当に、自分の中で何かを積み上げることになるかどうか、よく考えた方がいいと思います。

――どうしたら自分の中で何かが積み上がっていく、つまり成長していけるのでしょうか。

僕は、もともと長距離ランナーだったこともあって、同じペースで長く走っていると、心肺が楽になっていく「ランナーズハイ」の状態、ぐっと伸びていく感じを、仕事でもイメージしているところがあります。

方法論で進んでいくよりも、意識を鍛え続けて良い状態にもっていく方がいいと思うのです。

それはたとえば、もっといい進め方がないかと考え続けること。ひとつひとつの仕事の中で、そういう工夫を癖づけること。

才能というのは持って生まれたものではなくて、「工夫」の積み重ねができる力のことだとすら思っています。

一方で「ランナーズハイ」になるということを考えてみると、自分の精神は楽な状態にあるわけです。

遠いところにゴールは置いておいて、やり続けることで長期的に成長していければいい。そういう視点をもって、「方法」だけでなく「意識」を磨いていくことが大事ではないでしょうか。

――ずいぶんと長いスパンで、仕事というものをとらえているのですね。

僕の中で働くことは、旅をする感覚にとても近い。ファッションの仕事で働いてきた道程は、まさに旅のように思えます。

10代の時にファッションという道を選んで旅を始めた。途上でこんな人との出会いがあって、こんな経験をして、こんな景色を見て、そして今はこんなところにいて、これからも旅を続けようと思っている。そんなところです。

それも、最初から道程を決めている旅ではなくて、遠くのゴールは見定めているけれど、細かい道筋を決めて始めた旅じゃない。

知り合った機屋さんや染め屋さんのところに通うことになって、いろんなことを教わりました。

自分のブランドを立ち上げた時に、何かアルバイトをしないと食べていけないと思って、手伝いにいった染め屋さんで染料を量っている時に、たまたま魚市場の求人広告を見つけて、「じゃ、魚市場に行ってきます」と言って魚市場で働くことになった。

自分から「こういう段階を踏んでファッションデザイナーになり、自分のブランドを立ち上げよう」と決めていたわけじゃなく、周りの人と対話しながら、「じゃ、やってみます」と進んできた。そんな感じです。

――お話をうかがっていると、ツアーじゃなくてフリーな旅。それも団体行動じゃなくて一人旅という感じですね。

いつも一人旅じゃなくて、旅先で知り合いができたり、時にはチームになったりして旅していく感じ。

だから、一人ぽっちの孤独感もあれば、道に迷ったり忘れ物をしたりするし、思いがけないハプニングもある。一緒にいる人と少し気まずい関係になっちゃうこともある。

一方で、新しいものやおもしろいこともたくさんあります。おいしいものを食べたり、豊かな自然に触れたり、楽しい人との出会いがあったり、途上には数え切れないくらいの起伏があるのです。

そう思うと、どんな仕事に就こうかと考えるのは、どんな旅をしようかと計画を立てているのに近いのです。

働き始めてうまくいかないというのは、旅を始めたばかりで慣れないことがいっぱいあるから。

続けていくうちに、楽しいことや嬉しいことが増えていくのではないでしょうか。

ゴールを一応は決めているけれど、そこに着いたら着いたでもっと先へ行ってみたくなるし、帰ってきたらきたで、また行きたくなるものです。

旅とは、目的があってどこかを目ざしてはいるのだけれど、それさえ通過点とも言える。そもそも終わりがないものではないでしょうか。

――皆川さんは、今でもよく旅をしていますよね。

旅は、一人で考える時間をたくさん持てます。そういうこともとても大切で、言葉で解消されない何かを一人で感じたり考えたりすることで、自分の中で何かが育ってくる気もします。
だから今も旅は好きだし、これからもあちこち旅して歩きたいと思っています。

◉自分への課題は何かの価値を作る

――皆川さんはいつも淡々と仕事しているように見えます。失敗したりへこたれたりということはないのですか。

へこたれることはあまりないですが（笑）、失敗はたくさんあるし、それも大事なことだと思っています。
「ダメだったけど、がんばったよな」ということは、陸上の選手だった時によくありました。自分が精一杯やったことは充実した経験だし、未来にとっても有意義だと身体がわかっているんです。

叱られるということも大事で、自分が自覚しやすい気づきの場面ととらえています。「言われちゃった」で終わるのではなく、それを自分がどれだけ真剣に受け止められるかによるのだと思います。

否定されることも、その中身を理解しながら糧にしていくことが仕事の成長につながるのではないでしょうか。

うまくいった時より、うまくいかなかった時の方が、次への課題は大きくなります。「次はこうしたいな」という目標が見えて、「やりたいことへの欲求」が増えていくんです。大切なことですよね。

逆に失敗したからやめておこうという判断があったとしても、そのマインドを否定するつもりはありません。

ただ、自分への課題は何らかの価値を作るものなのに、それをやめてしまうのはもったいないと思います。やってみることで自分の思考も深まるし、それによってできた体験には、大きな意味があるからです。

仕事とは自発的なものであって、そこには前向きな活力みたいなものがあった方がいい。ただ与えられた役割をこなすのではなくて、思考を重ねるとか、発想を練ること。それが自分を磨くことにつながっていくのです。

——「働き方改革」を含め、働くことの意味が問われていると感じます。皆川さんにとって理想の働き方はどのようなものですか。

仕事も暮らしの一部と思えることでしょうか。「今日はゴハンがおいしくて嬉しいな」とか「好きな本と出会って、読んでいておもしろいな」という時間と同じように、働いている時間も暮らしの一部。

働くのは、僕にとってありがたいことなんです。

それでもたまに、「わあ、今日はこんなにやるべき仕事があって、全部できるのかな」と思う朝もありますが、「今日はこれをしていいいんだ、こんな機会をもらえたんだ、このブランドのために仕事ができるんだ」と考えると、素直に嬉しくなりますね。

「働き方改革」という言葉の解釈は難しいと思います。

なるべく仕事以外の人生を充実させましょうという言い方を一部で見聞きしますが、どこか気になります。自分の思い通りにできないのが仕事で、自分の思い通りにできるのがプライベートである、そこを充実させるのが大事という話だとしたら、違和感を覚えるのです。

僕の中では、仕事を充実させることは暮らしを充実させること。当たり前のようにつながっていて、切り分けるのはほぼ無理なんです。

仕事と暮らしのバランスのとりかたは、個々に違っていても良いとは思います。

◉出発点は上り坂の下にいる

――新しい道を探る時に、怖いと思ったことはないのですか。

失敗の可能性がないわけではないのですが、ゼロで終わるとは思っていないタイプです。出発点は上り坂の下にいる。坂を上らないと、その先の景色は見えないけれど、ある程度まで上れば、何とか答えがわかりそうな道が見えてくる、とにかく前に進もうとやってきました。

水平な道というのは、たいていが今までの一般的なやり方にのっとったもの。最初から先の景色が見えている。だけど見えている以上のものは生まれにくいと思うのです。

でも上り坂は、一般的なやり方ではないので、先の景色は見えない。だけど坂を上っていった時に、自分が想像していた以上のものに出会える可能性もある。その景色を見てみたいと思うのです。

05.

「100歳大歓迎！」

◉働く喜びは年齢と関係がない

――東京・青山にある「スパイラル」の5階のショップ「コール」では、ずいぶんと年配の人が働いていています。

「コール」では、ショップスタッフの求人募集を100歳までにしました。

僕は以前から、働くことがなぜ年齢で区切られているのだろうという疑問を持っていたんです。「何かおかしいな」と。

そもそも僕の祖父母は家具店を営んでいて、70代までずっと、毎日お店に出て働いていました。

それに、若い頃に僕が勤めていた会社では、70代くらいの人たちが、洋服の「まとめの仕事」をしていたんです。スカートの裾をまつったり、洋服にアイロンをかけてビニール袋に入れたり、「まとめの仕事」とは、服作りの仕上げをする役割です。

その方たちは、パートタイムとして働いていたのですが、見ていると、洋服のたたみ方がとてもきれいで早いんです。

袋に収まった洋服が美しい姿になっていく。そこが、洋服のもの作りにおいて、とても大事な部分を担っている。

高い技術を持っていて、てきぱきと仕事している姿は、僕の記憶の中に強く残っています。

また、僕が大好きなフィンランドで、ある時、骨董屋さんをのぞいたのですが、そこは80歳くらいの女性たちが切り盛りしていて、すごく素敵だと感じたのです。

働いて喜んでいることと年齢とは、まったく関係がないと思いました。

――会社という組織ができる前は、定年という制度はありませんでした。歳をとった人が働いている光景は、ごく身近に存在していたと思います。

はい。一方で最近、人手不足で良い人材が集まりづらいという話を、よく耳にします。今のファッション業界において、販売職の多くは、20歳から35歳ぐらいまでとか制限があるのが一般的で、若い年代に偏っているのです。

でも、服を売る仕事、いやもっと広くいうと服を作る仕事も含め、働く適正年齢というものはあるのだろうかと感じてきました。

働くことに年齢で制限を作らなくてもいいのではないか、何か方法があるのではないかと。

いつものように、「おかしい、変だな」と疑問を抱いたことは確かめてみようと思い、社員の年齢制限をなくしてみようと思ったのです。

――それが「コール」につながっていったわけですね。

きっかけとなったのが「コール」だったのです。

働いてくれる人を募集するにあたって、思い切って年齢制限をなくしました。雑誌「つるとはな」の誌上で、僕が読者に送る手紙のかたちで行なったのです。「つるとはな」は、人生の先輩たちに、素敵な暮らし方を聞いている雑誌で、前から気になっていたもの。

募集要項は僕が手書きで綴ったのですが、「年齢は問いません。人生経験豊かな方、心が健康で100歳！　大歓迎です」と記しました。

働きたいと思った方から、それぞれの思いや手紙を履歴書にしたためてもらったんです。

応募してきた方の数が予想以上に多くて驚きました。歳を重ねても、働きたい意欲を持った人たちがたくさんいらっしゃると、改めて実感させられましたね。面接には、21歳から83歳まで数十人の方が集まってくれました。60歳以上の方も多くて、一人一人と僕も面接し、販売スタッフをお願いすることにしたのです。

いろいろな経験を携えている人は、問いかけると、引き出しの中から人間味豊かな物語が出てきます。

販売職は初めてという人も採用しました。

たとえばイタリアに住んだことがあり、イギリスの出版社で働いていた経験の持ち主は、実際に働いてみて「販売経験については66歳の新米ですが、英語とイタリア語は話せ、働けることを喜んでいます」と言っています。

ある30代の女性は「販売職をやったことがなかったのですが、いろいろな世代の方がいることに魅力を感じて応募しました。私生活と仕事がいい意味でつながっているのが楽しい」と言ってくれています。

60歳以上のスタッフを、僕らは「先輩」と呼んでいますが、中には80歳を越えた方もいます。彼らの生きる知恵やマニュアルではない言葉によって、ショップに良い空気が漂っている。とても嬉しいことですね。

――実際にやってみて、どうだったのですか。

十分にやれる可能性を見出すことができました。

歳を重ね、多くの体験をしてきた人は、言葉やしぐさに、自ずと広さや深みが出るもの。僕らのお客様の幅や奥行きを考えると、幅広い人材で接客する方が理に適っているのです。

お客様の気持ちを汲んで、フィットする自分の経験をさりげなく語れる。それは販売マニュアルに則った言葉より説得力があるし、お客様の心に響くのではないでしょうか。そういう人が接客してくれたら、お客様から親しみを感じていただけるし、お店にいらっしゃることを楽しんでいただけるとも。

さまざまな人生の経験者を雇用して、それぞれの人から生まれる言葉でコミュニケーションしていく方がいいということがよくわかりました。

また、高齢化が進む中、引退したけれどまだ働きたい、でも働く場がないという人が、「ここで働ける」となったら、喜びがものすごく大きくなりますよね。

働く喜びが増えていくことを僕らは大事にしているので、そういう人たちと一緒に働けることは、会社にとって良いことと感じています。

――そういう方たちは、毎日定時制なのですか？　年配の方がフルタイムというのは難しそうです。

働き方についても新しい試みをしていて、毎日フルタイムではなく、週に2、3日、自動車教習所みたいに何時間来ますと、コマをとる仕組みにしています。

労働形態をフレキシブルにすれば、年配の方たちと一緒にやっていけるのではないかと考えたのです。シフトは少し複雑になりますが、必要な人材を確保できて、いろいろな世代が働く機会を得ることができるなら、やってみた方がいいと思いました。

また、お給料については、責任に応じた賃金を払うことにしていて、定期昇給もあります。

オープンして3年経って、体調を考慮して一人がやめられましたが、その他、やめた人がいないので、それなりにうまくいっているのではと思ってます。

――年配の人と若い人が同じ職場にいて、コミュニケーションが難しいかもと思ってしまいます。

見ていると、近い年齢の人たちだけで働いている仕事場に比べて、先輩が後輩に教えていることもあれば、後輩が先輩を助けていることもあります。それが自然と行なわれているのはいいですね。

若いスタッフが先輩たちから社会的なことを教わり、先輩たちが若い人の指示に耳を傾けている様子を目にすることも少なくありません。

〝人生＝命〟の知恵を重ねてきた年配の人から、若い人が学ぶことはたくさんあるし、〝人生＝命〟を延ばしていく若い人から、年配の人が気づきをもらうこともあるのではないでしょうか。

もともと社会とはそういうものであって、近い年代の人だけが集っている仕事場とは、働く意味が変わるように感じるんです。

――「100歳まで働ける会社」とは思い切った考え方だし、それを実行してしまうのはすごいことです。

いろいろな世代が働く機会を得ることができる仕事場は、今、働いている社内スタッフの未来につながると僕は考えています。

労働の本質は、働いて嬉しいという「体験の記憶」を持つことにある。それは何歳までと決めることではなく、一生にわたって続いていくもの。仕事とは生きることの一部をなしていて、家族や隣人など誰かの役に立って「嬉しい」ということを、生きている限り感じ続けたいというのが人間の本質ではないかと。

それを世にも問うてみたいと思っています。

また「体験の記憶」が人生の宝物を作っていると考えると、年配の方が年輪のように重ねてきた「体験の記憶」、それまでにわたって身につけた知恵や経験というものは、もっと活かせると考えました。

さらに言えば、社会にこういう働き方があると提示することは、ミナという会社が既成概念とは違う方法でアパレルを営んできた姿勢ともつながります。

ビジネスの世界で、レッドオーシャン、ブルーオーシャンという言葉がよく使われますが、僕はブルーオーシャンを「孤独の楽園」ととらえています。

誰もが考えてしまう思考パターンではなくて、「その考え方は何?」と言われるものは、初めは理解されづらいですが、競争がなく自分の道を歩けるから僕は好きです。

「100歳まで働ける会社」という試みはニッチですから、「なかなか難しいのでは」「うまくやれないに違いない」と見ている人もいるし、それも当然だと思っています。

一方、この試みについて、共感してくれる人もいます。世の中の常識と違うことをやっているというのではなく、当たり前のこととして見てくれているのです。

今の段階で正解かどうかは言えませんが、これからの時代に合っていればいいなと思います。

いずれにしても「コール」は、青山という場所で、僕らがやりたいことをやって、労働の新しい仕組みについての試みができるわけですから、お金には代えられない価値をたくさん生む場となる。それは良かったと思っています。

◉経営とは労働の質を作ること

――皆川さんのそういう考え方の中には、人が働くこと、生きることに向けた本質的な要素がたくさん詰まっている気がします。

経営とは、お金という貨幣を積み上げていくことではなく、あくまで労働の質を作ることにある。

そして、その労働が社会に向けてどう働きかけ、役立っているかを、真剣に考え続け、実行に移していくところにある。

そんなことを、自分でブランドを立ち上げて、自分で体験しながら、ひとつひとつ確認してやってきた。それが僕のやり方なんです。

そうしながら、木が育っていくように、年輪が積み重なってきた実感はありますね。

ただこれは、ファッションに限らずどんな分野の経営についても同じこと。

僕らは、ファッションやデザインをやっていますが、パン屋さんもレストランも鉄工所も、すべての経営は、労働の意味を持ちながら、社会にコミットしていくことに大きな目的を持っている。経営の話はそこに尽きると思うのです。

何の喜びもなくて貨幣価値だけを積んでいっても、そこに労働の意味はないわけですし、会社の内部留保だけが溜まっていっても、それが社会に還元できなければ、会社が存続する意義はないわけです。

貨幣を積むことより、労働の意味と質を真剣に問い続け、より良くしていく。その手段として、それぞれの商いがあるということ。僕らは、そういう考えを貫きながら続けていこうと思っています。

◉「僕」という個体の持ち時間

――皆川さんは、社長業を退かれても、デザイナーとしての仕事は続けるとおっしゃっていました。

僕という個体が持ち時間で作ったことや投げかけた提案が、どのくらい他のものに影響を与えられるのか。影響というのは、影響力を持ちたいという意味ではなく、素朴な疑問として、そう思ってきたのです。

僕がデザインしたものが世の中で使われたり、一緒に働いている人が嬉しいと感じてくれたり、僕という個体の持ち時間がどんなものに変わるんだろうというところに、強い関心がありますね。

結局、人は生きていく中で、自分の外の世界に関与していくわけですから、そこで何が起きるんだろうというのはすごく興味深いこと。

この仕事に出会ってから、ずっと僕はそう感じてきました。だから、好奇心を持ってやってきたし、喜びを感じてもいる。

これからも、それを続けていくのだと思います。

第二章

クリエイションのこと

目と手と心で喜びをつくる

01.

オリジナルで布を作る

◉材料の目利き

――布から作っているファッションデザイナーという点で、皆川さんは特異な存在です

布のデザインと服のデザインは、同じくらい大事。

最初にそう感じたのは、独立する前にアルバイトしていた会社でのこと。布作りの素晴らしさを知り、自分のブランドも、布はオリジナルと決めたのです。

布は、たて糸とよこ糸が交差する織りというシンプルな構造の中に、どれくらいのクリエイションを盛り込めるかで価値が決まってくる。無限に近い広がりを持っていて、服だけデザインする時とは、比べものにならないほどの可能性を秘めている。

布からすべてデザインするのは、自分にとって大きな喜びにつながっていく。そこに魅力を感じたんです。

ブランドを立ち上げた頃、早朝は魚市場でアルバイトし、午後からデザインの仕事をやっていて、そこで学んだことが、僕を布作りに向かわせたところもありました。

一流の寿司屋の職人さんが、魚を見極め、おろして調理していく力量に驚かされ、素材を理解し技術を携えることの大切さに気づかされたのです。

腕のいい料理人は、良い材料を使わなければ、どんなに調理に手間をかけてもおいしい料理にならないとわかっていて、材料の目利きでもあるんだと。素材を最適に活かして、最高の調理を施す。「仕入れの目と技術の質の高さは一緒だ」と思いました。

ただ料理人の場合、材料である鯛を選ぶことはできても、鯛そのものを作ることはできません。でも布であれば自ら作ることができる。材料からデザイナーのクリエイションが盛り込める魅力を改めて感じ、ファッションデザイナーとして、そこをやってみたいと考えたのです。

――最初に布をデザインした時は、まったくの新人だったわけですから、相当大変だったのでは？

通常、オリジナルで布を作るには、最低ロットと呼ばれる生産量が必要なので、駆け出しで無名のデザイナーが簡単に作れるものではありません。

でも僕は、絶対にオリジナルと決めていたので、布を染める工場と織る工場に、「ただ働きするので、空いている時間でオリジナルの布を作らせてください」とお願いし、工場の手伝いに行くことにしたのです。

自分の中で絶対にやると決めてしまうと、実現するための発想は意外と浮かんでくるものです。ちょうどバブルがはじけた後だったこともあり、工場の仕事も減っていて、僕の注文にもこたえてくれました。

最初に作ったのは、ジャカードという織りで柄を出していく技法を用いた布。濃紺の地に青い花柄をちりばめたもので、「flower」と名づけました。25メートルほど織ってもらったのですが、それは本来、工場がサンプルとして織る最低ロットの単位でした。

自分でデザインしたものが布となってできあがってきた時、信じられないくらい嬉しい気持ちでいっぱいになったのは、今でもよく覚えています。その布で、ワンピースとブラウスとシャツを3型作りました。

その時、自分がやりたいことを他の人が一緒になってかたちにしてくれるのは、おもしろいしありがたいなあと思いました。とともに、布は工場がなければできないと、身をもって感じたんです。

以来、「ミナ ペルホネン」ではオリジナルで布を作ることに決め、すべてアーカイブとして保存しています。長く続けていくブランドを前提にしているので、自分たちの足跡が積み重なっていくのが楽しみなんです。

また、オリジナルの布から生まれた副産物のようなロングセラーがひとつあります。最初に布ができた時、残った布がもったいなくて、どうしても捨てられなかった。

それでミニバッグを作りました。容量が小さいので、あまりたくさん入らないのですが。

それからずっと作っていて、これまでに約800種類を作りました。

今やミニバッグは、オリジナルで布を作り続けることへのこだわりや、余った材料もすべて活かしていきたいというブランドの精神を表すアイコン的な存在になっているのです。

――「ミナ ペルホネン」では、オリジナルで作った布に、それぞれ名前が付いていますね。どうしてですか？

普通、布を作る時は、それぞれに番号が付くので、それをそのまま呼び名にすることが多いんです。でも、どこか味気ないし、布の表情に似合う名前で呼んだ方が愛着が湧くと思ったんです。

「その○○番の布をとって」というより、「hoshi*hanaをとってくれる？」と言うと、空気がやわらぎますよね。

それはお客様も同じではないかと考えました。買う時にお店の人と話していて、布の名前が「ホシハナ」と知っていただけたら、その方がいいと思ったんです。服が少し生命力を帯びたり、性格を持っている感じがするのではないかと。

今もお客様との会話の中で、布の名前が出てくるのは素直に嬉しいし、良いことだと思っています。僕よりお客様の方が詳しい時がありますが（笑）。

◉過去に作ったものを復刻する

――一方で「ミナ ペルホネン」は、過去に作った布を復活させ、新しいコレクションとして発表することもやっています。どうしてそうしようと思ったのですか。

2002年から、過去の図案を復刻した布で服を作り、コレクションに加えることを始めました。一度生み出したものは、どれも大切な財産であり、時を越えた価値を持っていると考えたからです。

ただ、すべてをそうするのではなく、それぞれの服や布に、ちょうどいいタイミングというものがあるんです。数年のスパンで復刻されるものもあれば、10年以上のスパンで復刻されるものもあります。

――布を復刻する、ちょうどいいタイミングはどうやって決めるのですか。

自分の中にある「今これを出すべき」という直感をもとに決めています。僕は直感というものをすごく信じているんです。

「そろそろこれが必要なんじゃないか」という直感にもとづく判断は、実績とはまったく関係がないこと。僕は「実績と無関係であること」が大事だと思っています。

なぜなら直感とは、「経験から瞬時に導かれた最善の答え」だから。そこには自ずと過去に自分が経験したことが含まれているのです。

直感を信じることは、経験と予見に期待してみることだと思います。

◉直感を信じること

――企業では「直感的にこう思う」と言っても、「どこにその根拠があるのか。リスクをどう回避するつもりなのか」と言われてしまうことが少なくありません。

根拠を無理に作るために、過去のデータにとらわれてしまうと、ものの見方が限定的になりがちです。何が喜ばれて何が喜ばれなかったという過去の動向だけ分析しても、あまり役に立たないからです。

去年と今年では、時間も環境もまったく異なるわけで、同じ見方で判断できるものではありません。

去年100着販売したから今年も100着作ろう。あるいは120着作ってやってみようと、過去に対して相対的に考えるのは、どこか縛られていると感じてしまいます。

また「リスクを回避する」とは、自分で判断できなかったり、実行するための準備ができていなかったりする言い訳のような気がします。

過去の数値に縛られなかったら、今年は300着がちょうどいいんじゃないとか、50着がいいと思うとか、自分たちの「直感的にやろう」という感覚を大事にしながら、プロとして作る数を想像できるはず。そこを大切にした判断は、割合はずさないものであり、最善の策になると思うんです。

僕らは、ターゲットを定めた上で、その人たちを調査してデータを集めたりということを、一切してきませんでした。自分たちが考え、感覚でやったことに対し、共感してくれるすべての方をお客様ととらえてきたのです。

社会や経済の状況を心身で感じ取りながら、日々の暮らしに寄り添うことができていれば、お客様の求めるものをきちんと提案できると思うのです。

――いわゆるマーケティングの王道を、あえてやっていないということですね。

マーケティングについて、否定するつもりはありません。大切に作ったものがお客様に届くように努力することは大事だと考えています。

一方、ターゲットを決めて、価格帯と販売する場所を決めて、予算を立てて事業を進めていくといったマーケティングの手法に則ることは、僕らにはありません。

将来の売上を予測し、その計画を着実に実行していくのが、企業としての常識かもしれませんが、僕らのやり方は違うのです。

データをもとにしたマーケティングということで言えば、グーグルやアマゾンのように、生活全般にわたる広い範囲でデータ分析している企業は、結構強いのではと思っています。なぜなら彼らは「何が売れたか」より「どんな暮らしをしているのか」がわかるデータを持っていて、消費動向でなく生活動向を把握しているから。

ライフスタイル全般にわたって、いわゆるビッグデータを持っている。それは、もの作りの土台として、十分に活かせるのではと僕も思います。

僕らにとってのマーケティングとは、お客様へのおもてなしを意味しています。関心を持ってくれたお客様に対し、何らかの商品を着たり使ったりして喜んでいただき、再びお店を訪れてもらうことがおもてなしということ。そのための努力を、日々続けていくことが大事なのです。

そして、一連の仕事にかかわっている人たちが生き生きと働いている。それが、周囲に広がっていくといいなあと。そのために、さまざまな工夫を続けていこうと考えています。

02.

半年というファッションサイクルを見直す

◉近道でなく遠回りを選ぶ

――「ミナ ペルホネン」は、ファッション業界の常識にとらわれないやり方を、いろいろとやってきましたが、それはどうしてですか。

僕は昔から、決まり事や常識について、それにとらわれて大事なことが埋もれているかもしれないから、違う角度から見たり考えたりするようにしてきました。自分の中で、今までの方法論じゃないやり方をしたいということと、新しい発想をクリエイションしたいということがセットになっているんです。

小さい時から、どこか既成概念や体制に馴染めないところがありました。疑問を持ったら、急がなくていいのでじっくり考えてみる。そういう癖みたいなものがあるのです。

それと、長距離走をやっていた経験からか、何かやる時、近道でなく遠回りを選ぶことが嫌じゃなかった。回り道することを、無駄とか大変と思ってこなかったんです。


この業界に入った時もそうでした。たとえば、新しいものを価値とすることが、ひとつの慣習となっていて、半年ごとに新しい服を作って売っていく。残ったものはセールで販売する。

これは、お客様にとっても、もの作りにかかわる人たちにとっても、あまりいいことではないと感じていたのです。


家具や建築といった分野でそういう決まり事はないですよね。最近でこそ、似たような傾向があるかもしれませんが。

なのになぜ、ファッションの分野では、作ったものの価値が半年で減ってしまうのか。

ゼロからクリエイションして服を作るデザイナーは、そんな気持ちでデザインしていないと思いました。

一連の工程を考えると、半年の中でできるものもあれば、開発にもっと時間がかかるものもある。すべてのものを、半年サイクルでクリエイションしていくのは、ちょっと難しいと感じてきたのです。

ブランドを始めた頃は、経験が浅かったこともあって、特にそうでした。今はある程度の経験と思考力がついてきたので、半年なら半年、1ケ月なら1ケ月でクリエイションできるようになってきましたが、それでも課題が解決したわけではありません。

もの作りのベースとなる技術的なことや、布そのものの表情を作ることは、極端に言えば何年かかってもいいくらい、時間と手間をかけてやりたいし、その方が自然と思ってきました。

一方、グラフィック的な図柄を出すことは、そこまで時間をかけなくても、直感をベースにできるし、その方が気持ちに沿うことがあります。

それが半年というサイクルに縛られると、やりたいことが制約されてしまう。僕らなりのやり方を探ろうと考えました。

そして、すべてを同じサイクルでなく、ひとつひとつのピースによってかける時間を変えていく。何年もかけて作ったものもあれば、半年で作ったものもあって、それらが混じっている。そういう方法をとることにしたのです。

開発に時間の幅があれば、可能性がもっと広がるし、そこにきちんと手間暇をかけて、良いもの作りをしていきたいと思ったのです。

――ファッションは、発売から約半年後、最近はもっと早い時期にセールが行なわれます。その時期がどんどん早くなっていて、あっという間に安売りになるのが嬉しいような寂しいような。

僕は、他に成立させる方法があるんじゃないか、あるに違いないと考えます。「売り切らないと、在庫を抱えてしまう」なら、在庫がたくさん出ないように作ればいいし、「セールをしないと売り切れない」なら、「セールをしない」ことを前提に、服の作り方や売り方を工夫すればいいのではと。その道を探し続けたいと思います。

自分にできるかどうかはわからないけれど、自分ができないっていう状況でいるより、自分ができることを見つける。

何かの疑問を持った時、やる意味がないということには挑戦しないけれど、やる意味はあるけれど失敗しそうなことに挑戦するのは嫌じゃない。僕は昔から、そういう考えを持っています。

今までのファッションサイクルと違ってもいいので、お客様が長く愛用してくれる服作りをしようと考えました。

◉ものの価値は容積である

――服を買って着る側としても、半年で消えていく服をもったいないと感じています。


ものの価値は容積であると、僕はとらえてきました。別に数学が好きなわけじゃないんですが、昔から、数字が容積で見えてくるんです。

7だったら7のかたまり、10だったら10のかたまりという具合に。まず容積があって、それからそれが、何と何と何をかけ合わせた立体物なのかわかってくるんです。自分でも少し不思議な感覚です。

容積なので、三つの価値の軸があって、それを「物質的な価値、感情的な価値、時間的な価値」と考えました。そのかけ合わせによるかたまりが、ものの価値ということです。

一つめの物質的な価値とは、ものそのものが持っている要素で、たとえば高度な技術が駆使されていること、他にはないオリジナリティを持ったアイデアや製造方法であることなどが入ってきます。希少性が高いことも、ここに含まれるでしょう。

二つめの感情的な価値とは、美しさや心地よさといったエモーショナルな要素です。使っていて嬉しい、豊かな気分になるといったことは、ものが暮らしの中に入ってくることで生まれる感情的な価値と言えます。

ここにはブランドイメージも入ってきます。ブランドが持っているイメージは感情に働きかけるものであり、ブランドに対する共感や信頼は、そこから生まれてくるのです。

そして三つめの時間的な価値とは、ものを使う物理的な時間だけでなく、そのものとかかわることで得られる体験や記憶を含んでいます。

――時間的な価値とは、「あの服を着てこんな時を過ごした」、「旅にあの服を着て行ったら良い思い出になった」など、ものがもたらす体験や記憶ということですね。

はい。そういうことを含めて、物質×感情×時間、その三つがかけ合わさって浮かび上がる立体が、ものの価値を表しています。

たとえば、そのものとの出会いがとても嬉しかったり、大切な人とのものだったりすると、物質的価値とは無関係に大事になってくるし、そのものを使ううちに得られる素晴らしい思い出も、感情的な価値を生み出してくれます。

つまり、大切なことは物質的な価値だけでなく、感情的な価値と時間的な価値が豊かであること。それが、物の価値の意味を深めてくれると考えています。

◉トレンドに頼らない

——ファッション業界は、半年ごとの「これが最新トレンド」を価値のひとつとしてきました。皆川さんのお話から言えば、時間的な価値の制約を作っているということですね。

服の価値も他のものと同様、物質的な価値と感情的な価値、時間的な価値のかけ合わせによる立体ですから、本来、半年で終わるのではなく持続していけるはず。半年で切ってしまうのはもったいないことですよね。

精魂込めて作ったものは、半年というサイクルを越えた価値を十分に備えているし、時代の気分も十分に表現している。貴重な自分たちの財産であり、その蓄積を、常に人に見てもらえる、着てもらえる状態にしておきたい。

それができれば、価値の容積を大きくできて、結果的にブランドへの信頼も積み上げていけると考えました。

かと言って、具体的な策がすぐにあったわけではないし、はっきりした根拠とか確証みたいなものがあったわけじゃないんです。試してみないとわからないことだらけでした。

でも自分のブランドを立ち上げた時から、時間の軸を越えるデザインをし、情報の速さとは関係ないリズムでもの作りをしていこう。そんな風に考えていたのです。

時間の軸を越えるデザインとは、一本の木のように、季節ごとに年輪が覆い重なっていって太くなる。続きながら積み重なっていくイメージです。

――トレンド＝流行情報に頼らないとすると、何を基軸にもの作りをするのでしょうか。

今だけでなく、生まれた時から今にいたるプロセスを、何らかのかたちで感じてもらいたい。そうしたら、新しい古いといった時間軸でない見方ができるのでは。

「今シーズンはこういう流行で、昨年のこれはもう古い」という情報は、発信者側が次の消費のための手段と思っているだけで、お客様に対して価値を限定してしまう。「今だから欲しい」と人々に思われる服は、半年程度の力しかないもの。それを僕らのスタイルとして持ちたくないと思っています。

僕らのスタイルとは、時間が経ってもずっと認知されて残っていくもの。半年限りの流行とは別の次元にあるものととらえています。

とは言っても、年に二度のシーズンごとに新しいデザインを出し、コレクションとして提案はしています。

ただ、ファッションのコレクションは、「2021AW（2021年秋冬向け）」とか「2021SS（2021年春夏向け）」といったように、何年のいつのシーズン向けかという決まり事があるのですが、たとえば僕らは「2021SS」ではなく「2021SS→」と記しています。

そこに、発表した後も、お客様に長く着てもらえると嬉しいなという意味を込めているのです。

新しいものを作らなくてはならないという考えではなく、僕ら自身が、こういうものを作ってみたい、こういうものがあったらいいという気持ちをひとつひとつかたちにしていく。そこのところは、とても大事にしています。

――「ミナ ペルホネン」には、トレンドを発信しているというよりは、スタイルを提案しているというイメージがあります。

僕らの服は、ひとつの着方でなく、他のブランドと合わせたりして、自分の着方を楽しんでもらいたい、そう思ってきたのです。

暮らしの中で、日常の時間というのは一番大事なものです。何を着て、食べて、どう過ごしているかがその人を表していると思うし、暮らしを大事にして毎日を過ごしている人が好きなんです。

それは、僕が19歳の時に訪れた北欧の家具や建築、暮らし方から学んだことが影響しているからかもしれません。

人の感性や思考は、くるくるとたやすく移り変わるものでなく、好きなものはずっと好きということが深まるのだと感じています。そしてそれは、ファッションでも同じと思ったんです。

僕らが作る服は、消耗される価値でないものを追究していきたい、誰でも着られ、何十年も付き合えて、着る度に喜びが得られるように。

ずっとその人の暮らしとともにあるような服にしていきたい、そう考えてきました。

◉アルキストット（アーカイブ）を販売する

――「ミナ ペルホネン」のように、過去のコレクションの服を、お店で売っているデザイナーのブランドは、世界でも例がないと思いますが、作るきっかけは何だったのですか。

ある時、ネットのオークションで、うちの服が店頭価格より高く売られているのを目にし、過去に発表した服にも価値を感じてくださるお客様がいらっしゃるのだと思いました。それと、お店でお客様から「あのシーズンの服を買い逃したのだけれど、まだあるのであれば欲しい」というお声をいただいたのです。

自分が考えてきたことは、そう間違っていないんだと思いました。

そして、半年限りで店頭から引っ込めてしまうのではなく、復刻で作ることもしながら継続的に販売していく。つまり、シーズンを越えた服をアーカイブとして販売することにしたのです。

お客様はアーカイブのものも実際に求めてくださるので、これもひとつのやり方だと思っています。

03.

長期的な大量生産

◉大量生産・大量消費の行き詰まり

――ファストファッションに代表されるように、作り過ぎで売れ残ったものの大量廃棄も問題になっています。

大量生産・大量消費について、僕はずっと考えてきましたが、安価で大量に製品を作り、多くの人々に行き渡らせる。この仕組みが従来のように働かず、行き詰まるところが出てきたのではないでしょうか。

合理的な効率性を追求し、遠い国の労働力を安い賃金で賄うことで、ぎりぎりまでコストを切り詰めたものを、大量に生産する。それを短期間で売り切っていくことで利益を生んでいく。

これが、今まで行なわれてきた大量生産・大量消費の仕組みであり、それが時代の推移とともに、どんどんスピードが速くなり、過剰なまでに行なわれるようになってきたと感じていました。

ただ、未来永劫に続いていくとは考えづらいと思ってもいたのです。

なぜなら大量生産・大量消費の根っこにある、経済格差を前提としたもの作りはどこかで行き詰まってしまうからです。

その国に仕事が集中して豊かになっていくと、労働力の賃金が上がりコストが増えるので、また新たに、低賃金で労働力が得られる他の国を探さなければならない。延々とそれを続けていくことに無理があります。しかもそれが、作り手にとっても使い手にとっても、本質的な意味での幸せではないと感じてきました。

それで、長期的な時間の中での大量生産ということができないかと考えながら、少量で長期間での大量生産という考えに行き着いたのです。

それは大量生産のあり方への僕らの答えです。アイデアも技術も詰まった良いものであれば、短期的に限られた数だけ売るより、長期的にたくさんの人に行き渡った方がいいですよね。

――それならこの課題をどうしたらいいのでしょうか。

僕は長期にわたって使えるものと、短期と割り切って使うもの、双方の価値があっていいし、どちらがいいかを選ぶのは使い手だと思っています。

長いこと使っていきたいのか、今年だけでいいのか、そこまで含めてお客様に選んでいただければいいのでは。短期のものは、サステナビリティについて、できるだけ考える必要があります。

世の中全体がひとつの価値観でなく、多様な価値観のもとにあった方がいい。人のあり方もそうですが、多様化していった方が豊かな社会になると思うんです。その時、方法ごとに、社会や環境についても未来を思って行動する必要があります。

僕らは、たくさんのものを作って短期で売り切るのではなく、国内の良質な工場と一緒に、適正な量を丁寧に作り、欲しいというお客様に届けること、時を越えた服を売り続けることをやろうと試みてきました。

一過性の大量生産・大量消費とは真逆と言えるやり方をとってきたのです。

そういうところが継続できるようになってきたという意味では、以前より光が当たってきたし、僕らがやってきたことも間違いではなかった。これからの可能性を感じてもいます。

――長期的な大量生産とは、具体的にどういうことですか。ファッション業界では、あまり聞いたことがありません。

たとえば、一度に1万ピースではなく、10年、20年かけて1万ピースを作っていく。長きにわたって作り続けることで、結果的に大量と呼べる数字になっていく。それが、僕の解釈による大量生産です。

たとえば10年使える10万円のものを作ったとします。一方で、1年しか使えない1万円のものを作ったとします。

貨幣価値という観点から見れば、前者は10万円の価値を10年使い続けることができるし、後者は1万円の価値を1年だけ使うことになります。

一方、工場の作り手から見ると、10年にわたって使い続けられる10万円のものを作り続けるコストと、1年しか使えない1万円のものを作るコストでは、全体として前者の方がコストが安くなります。初期投資に必要とされるコストを分散できるし、安定した生産とそれに見合った労働力が見込めるなどの理由からです。

お客様にとっても、10万円の価値を10年着られる方が、価値を愛着とともに感じることができます。

僕らは小さな規模の生産を、長い時間にわたって継続していくことを、工夫しながらやってきました。

同じデザインの服を、素材や配色を変えることも含め、リピートして作り続けるということです。そのために、いつでも過去のデザインを作れるよう、布や服を作った時の資料を残すようにしています。

一方、工場の人たちと信頼関係を築きながら、過去のデザインを復刻することを一緒にやれるようになってきました。

一度に大量生産しなくても、時間をかけて多くの人に届けられる土壌を作ってきたのです。

ブランドを立ち上げてまだ25年ほどなので、必ずしもすべてについて、長期的な大量生産が実現できてはいないのですが、10年以上作り続けているものが出てきていて、それなりに大量と呼べる数字になっています。

少量でも長期にわたって生産し続ける、そういう価値を持った服を作るのは、工場の人たちにとっても、お客様にとっても、そしてもちろん僕らにとっても嬉しいことで、少しずつ増やしていきたいですね。

◉丁寧に使い切る

——あらかじめ消化率を想定し、それをコストと見なして工場に値引きさせたり、結果として出た廃棄分のコストも商品の価格に上乗せすることで帳尻を合わせているブランドも少なくありません。

業界全体の動きとして、プロパー価格（正規の価格）販売の時期を短くし、セールの時期をどんどん早めていますが、あれでは長期的に立ちゆかなくなる気がしています。

しかも、プロパー価格で売れていく商品の割合が5割程度まで落ちているという話を耳にして驚きました。

残りの5割はセールして、それでも売れ残ったものを何らかのかたちで廃棄している。

それは、相当数の商品は捨てられているということです。

お客様の中には、そうやってセールや廃棄している服のコストが、価格に上乗せされていることをわかっていらっしゃる方もいて、もの作りへの信頼を得ることが難しくなっています。それがセールしても売れないという悪循環につながっているところもあるのではないでしょうか。

これは継続性のあるやり方ではないし、長続きできないと思うのです。

作ったものは、できるだけ正価で売りたいし、もちろん廃棄したくない。もの作りにかかわっている人は誰もが、そう感じているのではないでしょうか。

だから、僕らの直営店ではセールをやらない方針を貫いてきました。シーズン中に売れていく商品が8割くらい。その後もアーカイブとして販売を続けるので、最終的には9割くらいまで行きます。

正価販売で9割というと、かなり高い比率ですが、僕らはコレクション発表の後、実際の生産に入る前に、直営店舗で顧客の方々をお招きして予約会を開いているんです。

そこでのお客様の反応を感じながら、生産数を予測し、数量の調整を行ないます。

あらかじめ、「このアイテムは、おおよそこれくらいの数量を作って販売する」と予測を立てた上で、展示会と予約会の反応によって見直すことにしているのです。

そうすることで、売り切る確度を上げることができますし、無駄な経費を使わずにすみます。


——見直した数字が、当初の予測を大きく下回った場合はどうするのですか。


立てた予測が前年を下回った時は、それをフォローするアイデアを出すことにしています。既存の方法論で9割となった場合、新しい方法論は別にないかと考えるわけです。

たとえば、残った1割ほどの服について、再び材料として他の製品にして作る試みは、そんな発想から生まれました。

2010年、「ミナ ペルホネン ピース,」というプロジェクトを始めました。〃ピース〃は〃かけら〃を意味する言葉。オリジナルで作った布の余った部分を集め、組み合わせて新しいものを作ろうと試みたのです。


布の断片を組み合わせたパッチワークのバッグや小物、リメイクの服やクッションなどを作って売っています。余った布を使っているので、まったく同じものはひとつとしてないし、数量に限りがあるものばかりです。

小さな布の場合は、ブローチやくるみぼたん、ハギレの組み合わせキットなどに。できるだけ全部使えるよう、いろいろ工夫をしています。

京都店の「ピース,」のお店の奥にミシンが置いてあって、スタッフが合間を見て、もの作りをやっています。できあがったものから、商品として出していくのですが、これは、最初のお店を白金台に作った時にやっていたこと。できあがったものが、そのままお店に置かれるという場のあり方が好きなんです。

――そこまで丁寧に使い切るという発想のルーツはどこにあるのでしょうか。

作ったものを使い切るという発想は、魚市場で働いていた経験が影響している気がします。鯛のアラを使うのと似たような感覚があるんです。

たとえば、ある料理人が1キロ3000円の鯛を一尾調理するとします。刺身にできる部分はおおよそ半分くらいですから、1キロの鯛で、刺身だけとってアラを捨ててしまうと、資材の5割にあたる500グラムしか使っていないことになり、500gで3000円のコストになります。

でも、頭はカブト焼きにできるし、骨から出汁もとれる。そうやって使えば、結果的に無駄をなくすことができます。お客様は刺身以外の料理も楽しめる。両者にとって良いことになります。

その考え方を、布や服を作る時にも応用できないか、良い材料を使い切ることによって、作り手にも使い手にも良いことがないかと考えたのです。

僕らのようなやり方で成立すること、経営を続けていけることを明らかにしたい。こういうやり方もあるのだというひとつの事実になっていったらいいな。そんな考えでやっています。

◉一人の中にいくつもの個性がある

――長い期間にわたって生産と販売を続けていくという服作りの考えは、いつ頃から抱いていたのですか。

ブランドを立ち上げた時から、そう考えていました。

ブランド名を決めた時、自分の人生の時間だけでは足りないのだから、自分の名前を立てるのは違うと思い、愛着を持っている国の言葉から選ぶことにしたんです。

そして、僕が好きで何度も足を運んでいるフィンランドの言葉で〝私〟を意味する〝ミナ〟に行き着きました。これなら、作る人にとっても着る人にとっても私の服ということになるし、いろいろな人が受け継ぎやすいと思いました。

皆川のミナとも重なりますが、僕でない人がデザイナーになっても使い続けることができるし、一緒に働いている誰もが使いやすいと思ったのです。「AKIRA MINAGAWA」より次の人たちが受け入れやすいと（笑）。

ロゴマークの四角の中に小さな点がたくさん並んでいますが、点の大きさやかたちを、あえて不揃いにしました。一人にひとつの個性ではない。僕が抱いているそんな思いを、どこかで表現したいと考えたんです。

というのも、学生時代の僕は、学校にいるとものすごく明るくしゃべるのだけど、家では無口で親ともあまりしゃべらなかったのです。何でこんなに変わるんだろうと思いながら、どちらも同じ自分だし不思議だと思っているところがありました。

考えてみれば、一人の人間の中にいくつもの個性があるのは当たり前のことで、会う人との関係やその時のシチュエーションによって、自分のいろいろな個性が出てくるのは、ごく普通のことと思ったのです。人にはたくさんの個性があるという意図を込め、不揃いの点を入れることにしたのです。

8年経った2003年、ブランドがファッションだけでなく、より幅広く成長していってほしいという願いを込め、ブランド名を「ミナ ペルホネン」に改めました。

〝ペルホネン〟という言葉は、フィンランド語で〝ちょうちょ〟を意味します。ちょうちょが軽やかに舞う姿は、楽しげで人の心をなごませてくれる。昔から好きで、服のモチーフとしてよく使ってきたものでもありました。

その頃、僕らがオリジナルで作った柄は３００種類を越えていたのですが、まだまだ増えていくと思っていたんです。そしてちょうちょは驚くほど世の中に種類が多い生物なのです。

僕らのデザインもちょうちょのように世界に広がり、羽ばたいていきたい。そしてちょうちょの羽のような美しさを持つデザインを作れたら。そんな願いを込めてもいました。

これは少しこじつけになるかもしれませんが、人は成長していくことで経験知がどんどんプラスされていく。ちょうちょは幼虫からサナギになり、成虫になって花開く。ブランドの成長の仕方が重なって見えて、そこもいいなと思ったのです。

04.

デザインと製造計画の一体化

◉コストのハードルをクリエイションの脚力が越える

――服のデザインを生み出してかたちにしていくのがファッションデザイナーの仕事です。しかも皆川さんは社長なので、それを商いとして成立させなければならない。材料である布からこだわって服作りすることと、コストをカバーしながらビジネスとして成功させていくことのバランスは、どこにあると思われますか。

デザインしながら、どの工場で作るか、そこではどのくらいの時間とコストがかかるか、そして最終製品の価値がどれくらいになるのかは考えていて、過去の経験知からだいたいわかります。

布の場合は、この糸で、こうやって織って、この加工をしたらいくらになるというのが思い浮かぶし、服の場合は、一着に必要な布のメーター数が出てくるのです。

僕の中では、いつもデザインと製造計画は同時進行です。

つまり、こういう布でこういう服を作ったら、どんな工程を経て、おおよそどれくらいの労力とコストがかかるか、デザインという仕事に、必ずそこが入っているのです。

――デザインと製造過程のコスト構造が一体となっているってすごいですね。皆川さんは、最初から全部一人で切り開いてこられた。その経験が大きいのでしょうか。

そうかもしれません。

ただコストを想定すると言っても、高くなるからやめようという判断にはならないのです。ひとつひとつの服について、全体のクリエイションの価値に見合った価格というところからコストを測ることにしています。

要は、コストのハードルをクリエイションの脚力が越えることができるかどうか。つまり、コストが上がることで服の値段が多少高くなったとしても、それだけクリエイションに価値があればいいということです。

お客様が納得するだけのクリエイションがなされていることを達成しなければなりません。

最終的にコレクションに入れるか入れないかは、スタッフの意見をもらいながら、「これはもう少し時間をかけよう」「これはやめておこう」と僕が判断します。

「これはもう少し時間をかけよう」というものについては、発表した先、どれくらいにわたって価値が維持できるのかを測って決めます。

少し時間をかけて作ったとしても、それによって価値を高め、長く作ることができれば、もの作りとして成立する。そういうものは、無理してそのシーズンのコレクションに入れずに、半年、あるいは1年後のシーズンに延ばすのです。

急いで出して短命で終わるより、その方が有効と考えるからです。

◉「やめて次」という区切り

――「これはやめておこう」と判断する場合もあるのですね。

はい。お客様にとって不要なコストがかかってくるから、コレクションからはずすということもあります。

たとえば、あるカシミヤシルクのジャージーで服を作ろうとしたけれど、型紙を布に置いてみると、余る部分が多くてもったいない。デザインを変えれば、もっと効率よく布を使えるけれど、本来、そのデザインにしたくて開発した布なので、効率優先で布を使うとデザインの良さが損なわれてしまう。だからやめておこうということです。

素晴らしい布をふんだんに使い、こだわって作ったとしても、1反の布からのとり都合と、服のデザインとのバランスがとりづらい。それは、作り手にとっても使い手にとっても、もったいないと思うのです。

やらないという判断は案外重要なことです。いろいろな角度から見て、得られる効果が小さかったり、工場の人たちの労力が見合わないと思ったら、それはやめて、別のことをスタートさせた方がいい。

無理して引っぱると、新しいことに割く時間と労力を奪われてしまうからです。粘り強くやることだけがいいのではなく、理由がはっきりしたら、「やめて次」という区切りをつけるのを忘れてはいけないですよね。

――ファッションデザイナーというと、思い描いた服を作るために、惜しみなく布を使うもので、それに対して、営業やマーケティングの人たちが「もう少し効率を考えてください」と物申す。そんなイメージが強くあります。

僕はそうではないやり方をしてきました。

たとえば、あるフレアスカートを作るために必要な布の長さが2・3メートルの場合、レースの生地一反である13・7メートルからは5枚とれるけれど、余り布がたくさん出てしまう。でも、長さを2・26メートルにすれば、ちょうど6枚とれるようになる。その時、

2・3メートルと2・26メートルの4センチの差で、スカートのデザインにお客様が不満足になるんだろうか、それとも2・3メートル使うスカートにして、多少は価格が高くなってもいいんだろうか。余り布を出していいだろうか。そういうことを含めて判断するようにしています。

逆に、生地一反あたりからとれる着数が変わらないなら、たとえ一着あたりの布の量が何十センチか増えても、むやみに節約せず、もうちょっとギャザーを増やすとどうなるだろうと検証したりしています。

最近はアトリエのスタッフから、「このスカートだと一反から○○着とれるのですが、上の部分が30センチ余ってしまうので、そこに刺繍を施してバッグを作ります」といった提案をもらうようになりました。

コストについて考える時、どれくらいの布が必要かという視点でなく、一反から何着とれるかという視点を持つようにしているのです。

僕らのもの作りがこういう感覚を持っていることを、僕はとても大事だと思っています。作りたいものを作るだけではなく、最適であり最善のものを作っていくということです。でもその時、何をもって良しとするかは、よくよく配慮しなければいけません。

お客様の満足と布のコストによる価格のバランスをとることや、とり都合で余ってしまう布のもったいなさを配慮することなども含め、最適なもの作りをしていくことが大切なんです。その上で、やるかやらないかを決めています。

――そこまでデザインとコストのバランスを図ることを、多くのアパレルブランドはやっていないと思うのですが。

売値の中にコストを収めていくケースが多いと聞きます。

なぜそうなっているかというと、最初に売値を決めて、その中で原価率を設定しているから。

たとえばスカートなら、価格帯として◯◯円から◯◯円の中で収めようというところから入っていく。売値からコストがはじき出され、そこに収めるもの作りがなされていき、コストをできるだけ抑えようとする。これもブランドの価格帯を絞るという意味では一理あると思います。

ですが、服一点一点の価値とは違うので、良いデザインが生まれない可能性が出てきて、それは少し残念です。

僕らは、ひとつの服の価値をお客様がどう判断してくれるかを大事にしてきたのです。

ただ、ブランドを立ち上げた当初から、そうしてきたわけではありません。長く考えてきたことを、どうにかやれそうな道が見えてきたので、ひとつひとつやってきたというのが正直なところ。

だからこれが、唯一の正しいやり方でもないと思っています。服にいろいろな種類があるように、こういうことのやり方にもいろいろな種類がある。それぞれの人が、それぞれに異なった世界観を持っている。

扱うものも違うし、目ざすところも違っている。だから唯一の正しいやり方、みたいなものはどこにもないのです。

僕らは、このやり方をとってきただけのこと。やってみてそれなりに手応えがあったし、継続もできているので、間違った方向ではなかったのかなと考えています。

◉価値は細部に宿る

――皆川さんが、そこまでデザインとコストのバランスにこだわるルーツはどこにあるのでしょうか。

魚市場でアルバイトした経験には、服作りの参考になることがたくさんありました。たとえばマグロは、切った尾の部分だけを見て、本体の身が競り落とされていくのです。つまり、身の脂の差し具合を、尾の部分だけ見て判断するということです。小さな尾でマグロ全体の価値を測っている。尾という細部がものすごく大事な役割を担っているのだと思いました。

服も同じことで、細部にも価値が宿っている。どこかひとつでも手を抜いたら、品質への信頼は損なわれてしまう気がします。たとえば服をひっくり返してみた時に、裏側のどこかで手抜きの仕事が見つかったら、すべて適当に作っているんじゃないかと判断されてもおかしくない。

クォリティの高い服を作るために、質の良い材料や環境を追究し、かかわる人すべてが努力し続けることが大切なのです。


もうひとつ学んだのは、ものの値段と価値ということです。イワシやコハダは10匹で数百円と安いけれどおいしい。一方、大トロは1キロあたり数万円と高値で取引されていて、これもおいしい。安い材料にも高い材料にも、それぞれの価値があるんです。

そしてプロの料理人は、価値を最大限に活かした仕事をしていく。寿司屋では、大トロは身の肉質の状態を、長年の経験から見極めてネタにするし、コハダは大きさに合わせた塩のふり方や酢の加減があって、そこで料理人としての技量が試される。材料を活かしてどういう仕事をするかで価値が決まってくるわけです。

僕らの仕事も同じことで、もちろん質の良い布を作りますが、それが安価か高価という材料の値段だけにこだわるのではなく、その材料を最大限に活かす仕事をして、価値のある服を作っていく。そこを大事にしなくてはいけないと思いました。

お客様が納得するだけのクリエイションがなされていることが重要です。僕らの服は、シーズンの流行や売れ筋ではないところで喜んでいただくわけですから、瞬間的なアイデアではなく、思考を重ねたからこそ出てくるクリエイションの力が問われます。

クリエイションについてもクォリティについても、自分なりに自信を持って責任をとれる。確証を持てるデザインをしていかなくてはいけない。そんな思いを抱いてずっとやってきました。

そこには当然、自分が感じることと社会から感じることとの接点が入ってきます。クリエイションそのものは、自由にやっていいと思っていますが、社会と向き合って、社会の空気を感じ取り、それを表現していくことを忘れてはいけない。そう思ってきました。

クリエイションには、ブランドへの信頼もかかわってきます。ブランドの価値は数値化するのが難しく、感覚でしか測ることができないのですが、とても大事なものだと思います。ブランドへの信頼は、良いクリエイションを長きにわたって続けてきてこそできてくるもの。だから、クリエイションの脚力を鍛え続けることをやめてはいけないと考えています。

◉ブランドとは誠実な仕事を続けていくこと

――皆川さんはブランドというものを、どのようにとらえていますか。

ブランドの商品や目で見えるものは、身体や骨格のようなもの。それを活かしているのは、DNAあるいは精神と言えるのではないでしょうか。
精神とは誠実な仕事を続けていくこと。それが少しずつ積み重なって蓄えられていき、結果としてブランドになっていく。ブランドという認識は、自分たちで決め、作るというより、世の中が決めるものだと思います。

一部のラグジュアリーブランドについては、手に入れて身に着けることが「自分はこの経済レベルを持っています」、あるいは「自分はその感度を持っています」という暗黙のサインになっているのかもしれません。

かつてオートクチュール（高級注文服）が全盛だった時代は、身に着けるもので、美意識だけではなく経済的なバックグラウンドなど、家柄のようなものを表現していたわけですが、今、それをあからさまに表現するのは、少し恥ずかしい感じになっているような気がします。

その人が何を選び、どう使っているかで、暮らし全体への価値観が透けて見える。その人らしく過ごすことが素敵という価値観へと、みんなの気持ちは向かっていると感じています。

――さまざまな価値観があっていいということでしょうか。

自分の生き方というものを、ファッションだけで表現する時代ではなくなってきているのです。それは暮らしのすべてに及んでいっている。

僕は、自分のブランドを始めた時から、多様な価値観を共有することが自然と思っていました。人が人として生きていくためには、そして社会の中で豊かな気持ちで生きていくためには、仕事においても暮らしにおいても、多様な価値観を共有した上で共感していくことが大切だと思ってきたのです。

05.

言葉から始まるデザイン

◉デザインのプロセス

――皆川さんが、デザインをどのように進めていくのか興味があります。具体的な過程を教えてください。

僕の場合、デザインする時、まず言葉から入ることもあります。その時のムードを表す言葉を決めるのです。

デザインチームがひとつの方向に向かうために、言葉の共有はとても大事なことですから。基本、僕が考えますが、チームからいろいろ意見を出してもらって一緒に決めていく感じです。

ある時のシーズンテーマは次のようなものでした。

「深く輝く森の」
冬の陽の光と雨と時が熟れさす果実のような。
遠くから鳥がころあいを見てついばみにくるような。
本当に美味しい果実のような服をつくりましょう。

この言葉から生まれる想像の中で、スタッフ一人一人が自分の個性を広げていく。そんなやり方をしています。

これが決まると、次はアイデアのスケッチを始めます。布の図案ということもあれば、服のかたちということもあります。

デザインのもとになっているのは、ノートに描いた「発想の断片」です。そういった「発想の断片」を書き溜めていって、ある程度まとまってくると、自然と絵を描きたくなってきます。

画用紙を眺めていると、描きたいであろう線がぼんやりと見えてくるのです。それが逃げないうちに一所懸命追っていくと言ったらいいでしょうか。

考える時に大事にしているのは、既成概念にとらわれないことと、違う視点から眺めてみることです。

ここで描かれたものから布や服になっていく感じですね。

たとえば「Fujisans」と名づけられたプリント柄の布は、富士山がひとつではなく山脈となって縦横につながっている景色を想像して描いてみました。

富士山が山脈として存在したら、どんな風になるだろうという「空想の景色」から生まれた柄なのです。

◉「いつか見た風景」が新しい物語をもたらす

――見たことがない景色ということですね。見たことがないはずなのに、温かみや懐かしさを感じます。

デザインの中で僕は、世の中にないものから発想していくのではなく、前に思ったことを振り返りながら、今の自分の視点を確認し、次を考えることを続けてきました。

時間という概念は大切なこと。「モチーフが思い起こさせる時代や思い出」といったことを常に考えています。「いつか見た景色」と言っていいのかもしれません。

「いつか見た景色」から始まる想像、それがもたらしてくれる物語を作っていく。それが僕のデザインのやり方です。

見慣れたものの中に「新しいもと」が隠れているのです。

ゼロから新しいものを作るより、作ったものたちがつながっていくやり方が僕は好きだし、想像を膨らませたものは生命力を感じさせると思っているのです。

たとえば「yuki-no-hi」という図案は、1999年に発表したのですが、雪の降った日に、アトリエから自宅へ帰る途上で空を見上げた時、電信柱と電線が空を分断しているのに気づいたことがきっかけになりました。

電信柱のある風景は、誰でも見たことがあるもので、普通は、女性の服のデザインとして、電信柱はあり得ないとか、電信柱が路上にあることが街の景観を壊しているとか言われるかもしれません。

でも僕は、電信柱が服にデザインされたらどうなるだろうと思ったのです。何気ない景色からロマンティックな図案を作りたいという好奇心が湧いてきて、デザインにつながっていったという感じ。そうやって作ったのが「yuki-no-hi」。ロングセラーとなって、コレクションの中で何度も登場しています。

つまり、僕はデザインする時、目の前にあるものを足がかりにして、まだ現れていない出来事についてアイデアを広げてみる。自分の中に眠っている記憶を引き出しながら、想像を巡らせてかたちにしていく。そんな過程を踏んでいるんだと思います。

◉考える人も、作る人も、使う人も喜べるのがグッドデザイン

――アイデアが湧かなくて四苦八苦することはないんですか。

アイデアがまったく湧いてこないということはありません。アイデアにできる視点を、

心の中で広げて見ると、どんどん景色が浮かんできます。

「multistripe」という名のストライプ柄は、1997年に「flower garden」という名で発表したものが、2000年に「multistripe」と名前を変えて再登場したのですが、その後も、配色を変えたり、ストライプの幅を変えたりしながら、度々出しています。

もともとは、ストライプ柄に新しい可能性を見出せないかというところから発想して、ストライプの幅と色がランダムに続く状態は、どうやったらできるんだろうと考えたのです。

もしかすると、色とストライプの繰り返しを素数で組み合わせたらできるかもと思いつき、11種類の幅のストライプに7つの色をのせてみたところ、それが割合とうまくいって、11×7=77のストライプが連なって初めてひとつのスパンが生まれる。そんなストライプ柄を作ることができました。

長さでいうと25メートルでひとつの繰り返しになる。つまり25メートルごとに同じ柄が繰り返されることになります。

服に仕立てると、同じ柄が同じ位置に出てくるものは二つとない。ほぼ一点ものになるのです。

――発明みたいなストライプ柄から一点ものの服が生まれるって、ストーリーとして魅力的です。

別の時には、裏に別のストライプ柄を施すことにしました。表と違い、同じ幅で正確に繰り返すストライプにしたのです。

なぜかというと、不規則性と規則性という逆の要素を、一枚の布の中に盛り込みたいと考えたから。

裏ですから、目につくところではないのですが、着た人だけがわかる、密かな遊び心をデザインしたいという思いもありました。着ていただいて気づいた時に、きっと喜んでもらえるに違いないと。

作り上げる過程は決して簡単ではありませんでしたが、できた時、僕らも嬉しかったし、工場の人たちも喜んでくれたのです。

良いアイデアは技術を育て、良い技術はアイデアを支えます。考える人も、作る人も、使う人も喜べる、みんながやりがいで充たされるものが、グッドデザインだと僕は思っています。

◉記憶の一部を服が担う

――デザインする時に、着る人のことはどれくらい意識するのですか。誰かを具体的にイメージしたりするのですか。

誰かというよりは、「想像の景色」をお客様が共有してくれるかどうか、そこを考えています。

記憶や想像を、布から服へ、かたちにしていくのがデザイナーの役割ですが、着る人の共感を得ることに意味があるからです。

デザインする時、着る人が過ごすであろう時間や空間に想像を巡らせ、それを含めてかたちにしていくんです。想像と現実の社会をミックスさせると言っていいのかもしれません。

さっきの「Fujisans」で言えば、僕の「記憶」の中にある富士山が、僕の想像によって山脈となっている景色です。それを「素敵だな」とか「おもしろい」と感じてくれるお客様が手にとってくださる。

クリエイションの発信者であるデザイナーと受け手であるお客様の接点は、この「記憶と想像を共有すること」にあるのではないでしょうか。

しかも、選んでくださったお客様が、実際にその服を着て過ごした時間や場所について、良い記憶にしていただけるかどうかも大切なことだと思います。

自分がデザインする服を、お客様はどういうところに着ていって、どんな記憶の一部を作っていくのか。そこに思いを巡らせデザインしているんです。

たとえば「yuki-no-hi」を手にとってくれたお客様が、冬にその服を着て旅したところがきれいな雪景色で、その町の景色に溶け込み温かさを感じたということかもしれない。あるいは外国のどこかの町に一人旅して、少し寂しい気分になった時、電信柱のある日本の街並みに懐かしさを感じたことかもしれない。

そんな記憶の一部を服が担うことができたら嬉しいと考えています。

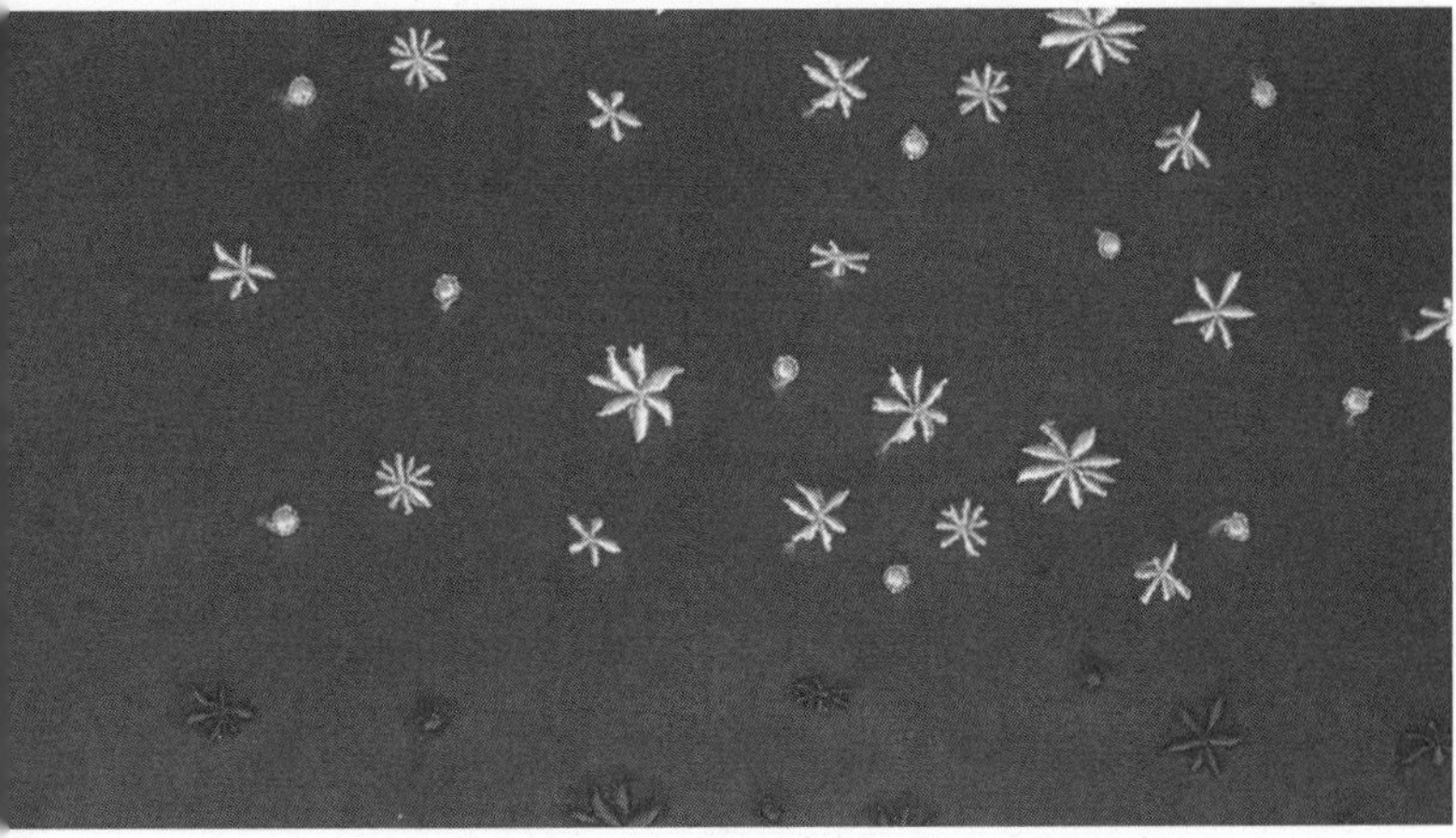

"hoshi*hana" 1995→s/s

ミナ ペルホネンの最初の刺繡柄。
「hoshi*hana をとってくれる？」

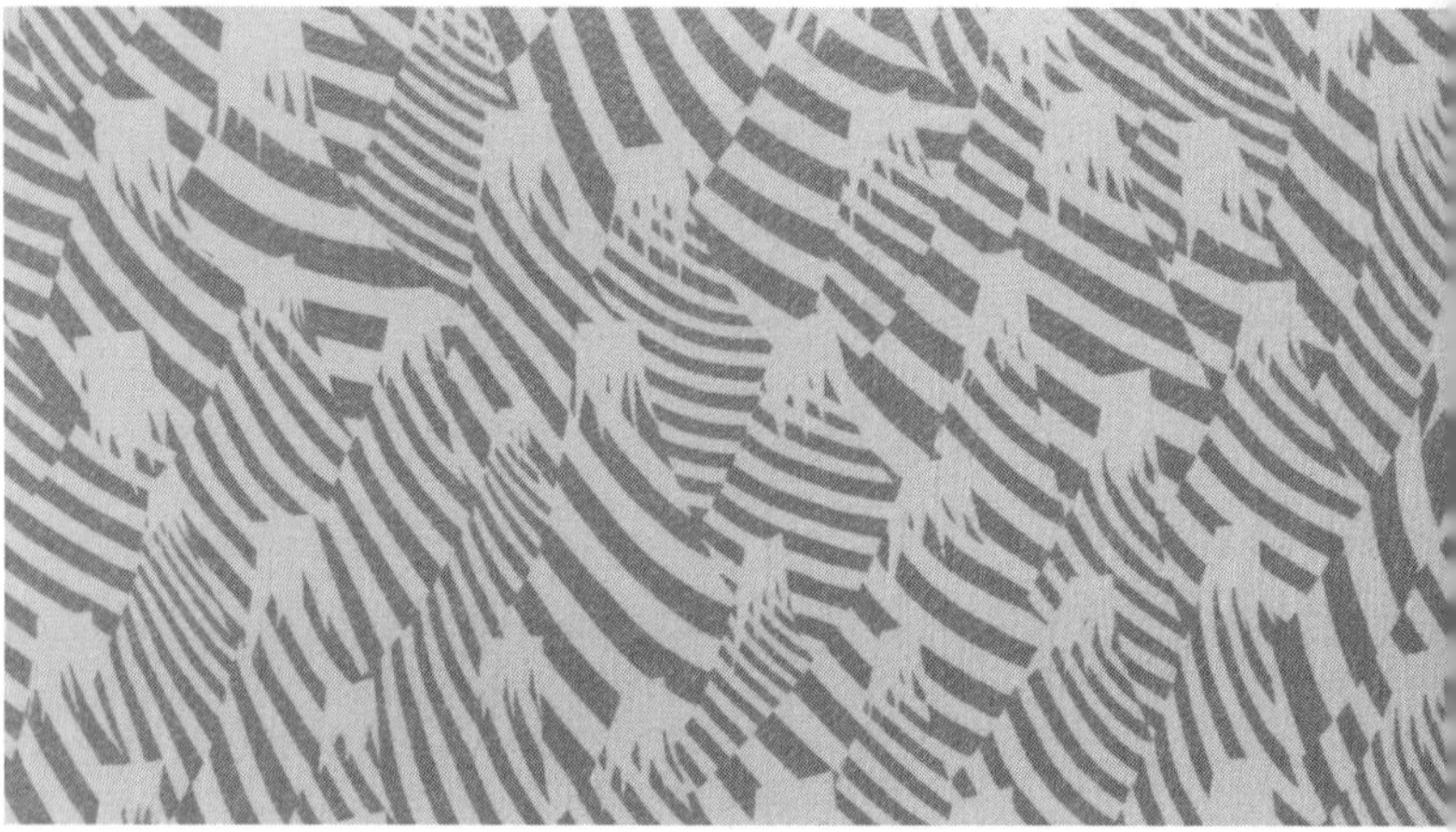

"Fujisans" 2004→ s/s

富士山がひとつではなく山脈となって
縦横につながっている景色を想像して。

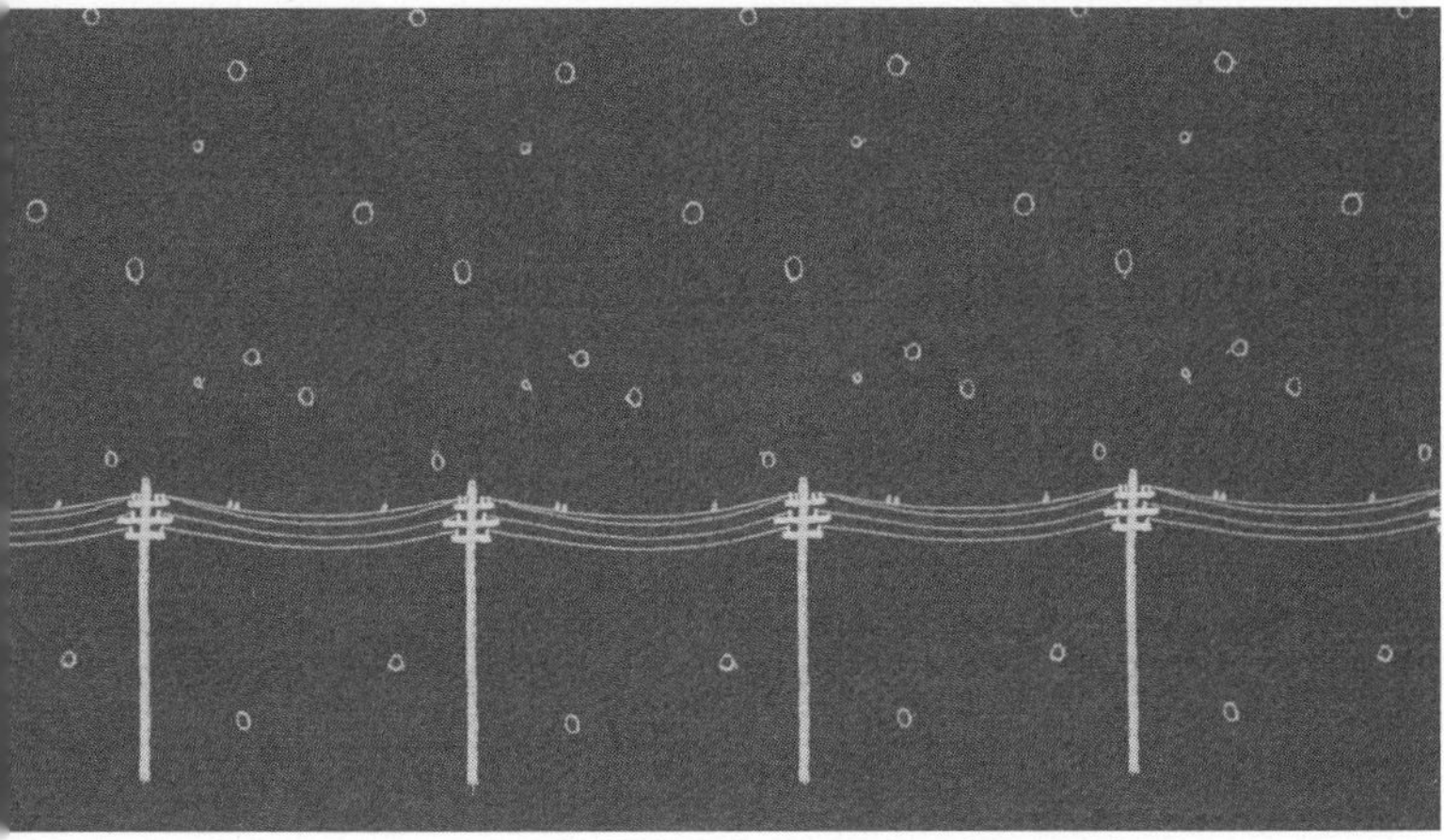

"yuki-no-hi" 1999-00→a/w

雪の降った日に、アトリエから自宅へ帰る途上で空を見上げた時、電信柱と電線が空を分断しているのに気づいたことがこの柄を描いたきっかけ。

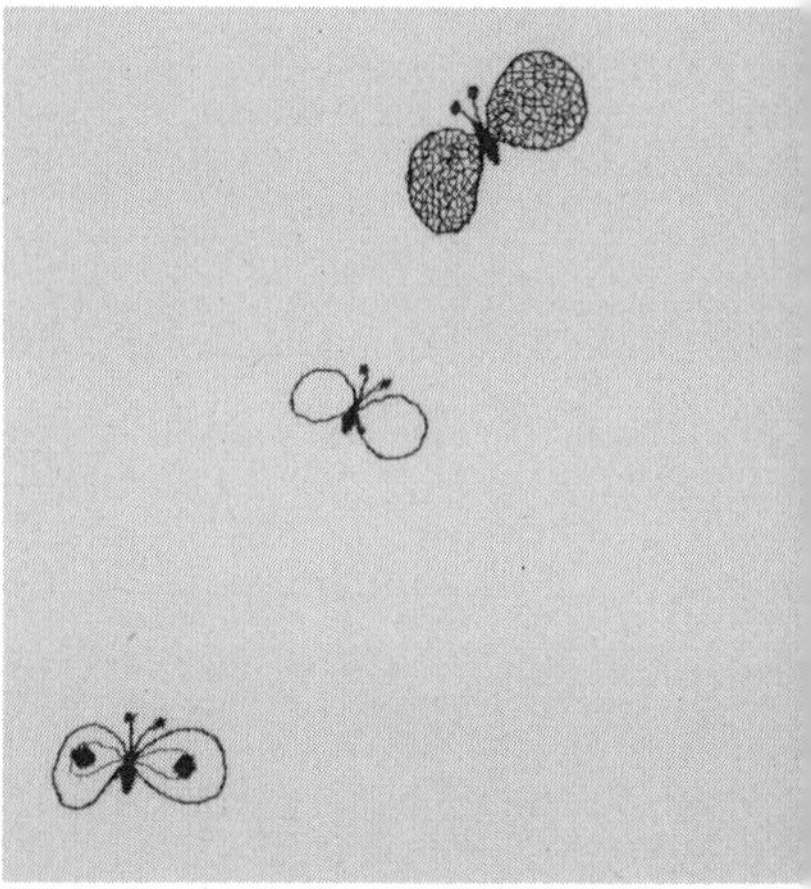

"choucho" 2001→s/s

“ペルホネン”という言葉は、フィンランド語で
“ちょうちょ”を意味します。
ちょうちょが軽やかに舞う姿は、楽しげで
人の心をなごませてくれる。

第三章

工場と店のこと

つくり手の喜びとお客様の喜びは
私たちの喜びをつくる

01.

工場と一体化したもの作り

◉工場とのフェアな関係を築く

――皆川さんは、たくさんの工場と長いお付き合いを続けているし、自ら工場によく通っていますよね。

陸上競技の選手だったので、僕の仕事の役割は、駅伝の一区を走るのと同じととらえてきました。何かをやる時に、チームの中で自分が果たすべき役割をまっとうすることが大事と思ってきたのです。

役割とは、自分の分担区をきちんと走り、次の選手に良いポジションで渡すということ。仕事における良いポジションは何かというと、規模を大きくするとかじゃなくて、次の人が良い環境で走れるように、先を見据えた行動をとることです。
服作りについては、工場の人たちをはじめ、一緒にもの作りしている人はチームの一員。それぞれが良い環境であることが、仕事の成果につながっていくのです。

縫製工場でアルバイトした時から感じていたのですが、発注するアパレル会社から、何10円、何100円の単位で値切られる。そうやってコストを切り詰めるのに、作った服は半年も経たないうちに半額にされてしまう。それでは値切ったことすら意味がないし、工場が一方的に損をしている。
「作っている人は多少しんどくても、お客様が手にとる時に安かったらいいんです」という風潮は産業を育てないと思っています。

そうではないもの作りをしたい。僕らも工場も、携わっている人たちがフラットなかかわりで、双方が適正な利益を上げられるようにしたいと考えたのです。

でも、すぐにこうすればいいとわかったわけではなくておぼろげに。何か変だぞ、どうしてなんだろうという疑問からでした。

工場でいろいろ教わったこともあり、恩返ししたい気持ちもありました。工場の人たちが、作ることで喜びを得られたらいいなと。

工場の人が喜んで作ってくれた服を、お客様が喜んで着てくださるのは、双方に喜びがあって、喜びのバランスがいい。それが理想的な状態だと思います。

業界に入って少しずつわかってきたのは、大半の工場は、依頼主であるアパレルからの安く効率的に作ってほしいという要望にこたえる割合が多くて、もともと持っていた高い技術力を活かしきれていないということ。これはもったいないと感じました。

――ファッション業界では、工場はいわば下請け業で、無理な納期やコストの削減を言われることが多いものです。でも皆川さんは、安売りに流れない良いものを工場と一緒に作っています。

今のファッション業界におけるもの作りは、大きな二極化が進んでいるように感じます。ひとつは、経済や賃金の格差を前提に、安価で大量な生産を成立させる方向、もうひとつは、ラグジュアリーブランドによる、高価で限定された数量を作る方向です。

いずれの場合も、発注者が上で受注者は下というヒエラルキーのもと、格差がどんどん広がっていて、利益が発注者の方にしか残らないのは問題と感じてきました。発注者には厚く、受注者には薄くと、利益配分が大きく偏っているのです。これでは、作り手がどんどん減ってしまい、最終的に業界全体が存続できなくなってしまいます。

そして実際のところ、取引内容が悪条件の中、継続できずに廃業する工場が増えています。

使う人にとっては、安い商品を手に入れることができるけれど、作る人にとっては、利益の薄いもの作りを続けていって廃業せざるを得ない。そんな状況が生まれているのです。先日、あるところで聞いた話では、日本のアパレルの生産額全体に占める国内生産の比率は2パーセント程度にまで落ち込んでいるとか。これは大変な事態と言っていいのではないでしょうか。

このままでは、高い技術力を持っている工場がなくなっていく。そして一度、失ってしまったら、もどすことが難しい。その意味でも大事にしていかなければと思ってます。

――日本の工場の技術の中には、世界レベルで見ても、とても高いところがたくさんあると思うのですが。

日本の工場は、他の国に劣らず高い技術を持っているし、こういうものを作ってほしいという要望に対し、柔軟に対応してくれるという点で、かなり優れていると思います。

海外の著名デザイナーの中には、パリコレで発表する服のための布作りを、日本の工場に発注しているところがいくつもあります。

でも、一般的にあまり知られていないし、自分たちが持っている技術や経験に価値があるとわかっている工場はそう多くないのです。

――工場と皆川さんのところは、かかわりがフェアでフラットですね。

最初の頃は、僕らに対して工場から信頼がなかったんです。発注量も少ないし、売れる服になるかどうかもわからない。だから、「こういう布を作りたい」と提案しても「やれない」と言われてしまうことがありました。「tambourine」という布の場合、円のかたちに刺繍を施してある布作りをした時、一般的な工場は均等に刺繍しようとするわけです。その方がステッチの数が少なくて、コストも安くすむので。

でも僕が思い描いていたのは、布からこんもり盛り上がっているような立体的な刺繍なので、手で描いたスケッチ画の動きを追いかけてください、糸をいろいろな方向から何度も何度も刺して、盛り上げるように刺繍してくださいとお願いし、それを引き受けてくれた工場と作ってきました。

他の工場でお願いした時のこと。相手の方は「できません」と口にはしませんでしたが、どこかに戸惑いがあると感じました。具体的な発言ではないものの「そんなことを言って値段が高くなるけれど、それでいいのですか。失敗したら誰が責任をとるのだろう。自分たちなのかなあ」という空気みたいなものがあったんです。

「面倒なことをやってコストが高くなる分を、うち（工場）が負担するのか」という不安を感じていたのだと。

それ以来、僕は「新しいことに挑戦しますが、それは発注者側に責任があるので、きちんとお金を払います」と伝え、理解してもらうようにしています。

そうやって手間をかけて作った布は、当然、コストが高くなるんです。が、僕はそこを越える価値があればいいと考えました。100円だったものが、コストが上がることで150円になったとしても、フラットに埋めた刺繍より立体的な陰影がしっかりある刺繍の方が素敵な服になる。お客様が納得してくれればいいと思ったのです。

そして実際のところ、できあがった服に価値を感じ、喜んで着てくださるお客様が、予想以上にいらっしゃったのです。

◉職人と一緒に挑戦する

――どうやったら効率的に安くできるかという要求ではなく、手をかけて多少高くなっても、お客が納得できる価値づけをするのは、工場にとってもある意味で挑戦です。及び腰になるところはないのでしょうか。

もの作りについては瞬間瞬間で工場に難題を言うこともありますが、できるだけ丁寧なやりとりを密にして、互いの信頼を築こうと努めてきました。

たいていは工場の職人さんと、既存の機械で量産する工夫を「ああでもない、こうでもない」と話し合いながら行なっていきます。機械は正直に動くものであり、どうしたら機械が人のように動いてくれるかを、試行錯誤しながらやっていくと言っていいのかもしれません。


クリエイションできることの最善を目ざすので、一緒に作っている人たちとは、細かいところまで徹底して話し合います。

それも、一方的に「こういうのを作ってほしい」と注文するのではなく、「こういうものを作りたいんだけど一緒にやってくれませんか」というスタンス。僕だけでなく、みんなが追求していく姿勢を持つことが大事で、それが価値あるもの作りにつながっていくんです。

時には職人さんから「できないかもしれない」と難色を示されることもありますが、「できるかもしれない」になるまで、とにかく粘ります（笑）。感情的になるのではなく、「なぜできないのか」という問いをひたすら繰り返し、答えを聞いて「じゃあ、こうすればできるかもしれませんね」といった風に、時間をかけて扉を開いていくのです。

新しいことに挑戦してもらうには時間がかかるし、それでいいと思っています。やったことがないものに対して、いくつかのトライアンドエラーがあるのは当たり前のことですから。

ただ、それぞれが何をするべきか、何をしたいかということを明確にしなくてはいけません。お互いに良いものを作っていくにあたり、そこをしっかりやることは大事だと思っています。

僕の頭の中ではデザインも経営のひとつになっていて、新しいデザインへの挑戦や投資は、必要不可欠なことと判断しているのです。

短期的な効率や成果だけではなく、長期的に見てどんな価値を創造していくかという視点が、経営者には求められるんだと思います。

――工場の職人さんとやりとりして、思わぬ良いものができていくのは、職人さんにとっても嬉しいことなのでは？　新しいことへの挑戦って、実は職人さんもやってみたいに違いないから。

職人さんも喜んでくれるし、僕らも喜べるんです。

たとえば2000年に発表した「tambourine」という布はロングセラーとして、さまざまなかたちで使い続けています。

楽器のタンバリンをモチーフに、小さな丸を線で結んだ円が縦横に並ぶ刺繡を施したもので、一見すると同じ丸が連なって見えるのですが、円を構成している小さな丸ひとつひとつのかたちや、線で結ばれている間隔が微妙に違うし、円そのものの大きさも均等ではない。その柄を縦横に繰り返してあるのです。

最初は、僕がスケッチした図案をそのまま工場に持ち込んで、手書きの不揃いさを再現してもらいました。それも手仕事ではなく、すべて機械がやれるように。刺繍の機械は、柄を描いていく運針をデータとして入力してから動かすので、あらかじめ、どんなステッチをどんな手順で施していくかを打ち込んでいかなければならないのです。均等な絵柄の方が入力しやすいのですが、僕は不揃いであることにこだわり、どうやったらできるかを職人さんに相談しました。

刺繍の機械とは、細かく描き込んだスケッチを拡大し、その上を人がペンでなぞっていくのです。それも一本の糸がわたるように一筆書きで。もちろん、布や糸によって、できあがった時の厚みや風合いが異なることを配慮しなければいけません。「tambourine」の場合は、手描きの筆致を活かして、刺繍で塗りつぶすように面を作るので、何度も針を行き来させる必要がありました。

機械のことをよく知っている職人さんの知恵を結集し、多くの試作の労力をかけ、ようやくできあがったのです。

工場で布を生み出すのは機械です。でも、職人さんから「機械の能力の限界があってできない」と言われたら、その布は作れないことになる。逆に職人さんが「できるかもしれない」と少しでも思ってくれたら、限界が広がっていくのです。つまり、できるものの限界を決めるのは、機械ではなく職人さんなのです。

だから、職人さんが納得して挑戦してくれるコミュニケーションのプロセスは大事です。初めての試みに対し、職人さんが最初は少し気後れしたとしても、一度納得してやってくれれば、どんどん挑戦してくれるようになる。そこも喜びのひとつですね。

◉機械の稼働率

——工場を取材に行った時、ミナの服を着ていったら、パートの方々も含め、工場の人たちがすごく喜んでくださって、自分たちが作ったものに誇りを持っているると感じました。安さや速さだけを要求されたもの作りでは、ああはならないのではないかと？

機械の稼働率についても僕らは検討します。ある工場の機械のミニマムロット（最小生産単位）は150メートルと言っていたのですが、よく聞くとそれは、その工場にとって最低限の単位と言っているだけで、機械にかけるたて糸の長さで言えば500メートルが適正ということがあるのです。

その場合、僕らは500メートル生産してもらうことを前提に、どんな服やデザインをどう作るかを考えることにしています。

なぜかというと、工業製品として妥当な生産量を実現することも、僕らの役割のひとつととらえているから。その機械が本来持っている適正な力を活かすことは、もの作りの効率を良くすることを意味しています。

僕らと一緒にもの作りすることで、互いに今までのやり方とは違う継続の仕方を考えられると思っているのです。

◉繁忙期と閑散期の平準化

――服の布に限らず、皆川さんはインテリア関連の布もデザインしています。オリジナルのインテリアファブリックもありますね。

2014年に「dop」というインテリアファブリックを開発しました。これは主に家具やクッションなどに使う布。10年以上前から、機能的で素敵で、メイドインジャパンのインテリアファブリックを作りたい。それも、暮らしに長く寄り添って使えるものをと考えていました。

同じ家具でも木や革でできているものは、使い込むと徐々に風合いが良くなっていきますよね。年月を経た味わいが魅力や価値になっていくんです。

でも家具に張られた布は、使い込んで擦り切れたら、新しいものに張りかえることになる。そこを何とかできないかと思ったのです。

木や革と同じように、日々使いながら、自分の人生の尺度よりも先の未来に思いを馳せたり、家族や子どもの将来を思い描いたり。そんな見方ができるものを作れたらいいと思いました。

年月を経ることで価値が下がるのではなく、使うことで愛着が増していく、別の表情が生まれてくる。そんな布について考え抜いたんです。

行き着いたのは、摩耗によって表面の糸が擦り切れ、裏の色がうっすらと出てくる布。使い込んでいくと、その人の癖や、使っている場所の空気がしみこんでいって、表情を変える布を作れないかと試行錯誤を繰り返しました。

そして、だいたい5万回ほどの摩擦で、裏側の糸が見えてくるような布を作ったのです。5万回というと、おおよそ20年から30年くらいの時間がかかるかもしれません。

世代を越えて使ってほしいということから、それくらい長いスパンでとらえました。

――使えば使うほど、味わいが出てくる布というのは、今までにない考え方でおもしろいですね。擦れてきた時に、きれいな色がうっすらと見えてきたら嬉しいです。

色にもこだわりました。表と裏で色が異なることから、イタリア語で二重という意味を持つ「doppio」をもとに「dop」と名づけたのです。やさしい雰囲気の組み合わせとか、強いパッションがあるような組み合わせとか、両面で34色、17種類のバリエーションを用意し、そこに2種類の刺繍を施した布も加えたので、全部で51種類もあるんです。

これを作ろうと思ったもうひとつの理由は、ファッションにかかわっている工場の生産を、少し安定させたいというところにありました。長年にわたって、僕が抱いてきた課題のひとつだったのです。

インテリアファブリックの業界は、ファッション業界のように、半年をサイクルとしたもの作りではありません。

ファッション業界は、春夏と秋冬のシーズンに合わせて作っているので、工場に繁忙期と閑散期があって、その差が結構激しいのです。ある時期は、人も機械もフル稼働でも間に合わないくらい忙しい。ある時期は人も機械も仕事が少ない。年間を通して安定した稼働ができない工場もあります。

ファッションの布を手がける工場にとって、たとえ大量でなくても、年間にわたって作るものがあれば、仕事量がある程度平準化できる。

インテリアの布を手がけることで、繁忙期と閑散期の課題解決に少し役立てるのではと思ったのです。

◉工場とお客様をつなぐ

――皆川さんが製造業にこだわり、大事にしていることがよくわかります。お話を聞いていて、製造者とお客さんをつなぐのは、ブランドの果たす役割のひとつと感じました。

日本の工場とものの作りしながら見えてきたことがあります。

僕らが一所懸命デザインするのと同じように、工場の人たちも一所懸命に服や布を作っていて、そこに思いの差はない。僕らは、そういう工場の人たちの労働の価値を預かっているということです。

そういった中でデザイナーが果たす役割は大きいのです。作る人と使う人の間に立つのがデザイナーであり、発案したものによって「使うことで豊かになる人＝使い手」がいる一方で、「作ることで豊かになる人＝作り手」がいる。双方の喜びを作ることができる。工場が持っているポテンシャルと技術に、さらなる可能性を上乗せし、クリエイションの価値を上げることができれば、預かっている労働の価値を高め、生活の糧として返していくゆとりが生まれますよね。

だからこそ僕らは、使う人が対価をきちんと払うだけの価値を生み出し、作る人が生活を維持できるだけの価値を提案していかなければならないと思うのです。

02.

百貨店やファッションビルの商習慣を問う

◉百貨店との取引条件について

――作る人と使う人をつなぐ場として、お店の果たす役割は大きいと思います。「ミナ ペルホネン」は百貨店の中に店を構えるのではなく、百貨店が運営するセレクトショップに入っていますが、それはどうしてですか？

百貨店との最初のつながりは、伊勢丹新宿店1階のプロモーションスペースの「解放区」という場所で1997年のこと。日本人の若手デザイナーの商品を集めた実験的な試みだったのです。

当時、僕らのように、自分で始めたばかりのブランドは、話題性はあってもビジネス規模が小さい、一部の人にしか知られていない状況でした。伊勢丹新宿店は、そういったブランドをいくつか集め、期間限定で売り場を作って育てようとしてくれたのです。

きっかけは、知り合いの紹介で、「解放区」のバイヤーが僕らの服を見に来てくれたことでした。

その時、僕の中にはまだ、お店を持とうという考えはなかったのですが、バイヤーさんの話を聞くと、商品はすべて伊勢丹側が買い取ってくれるというのです。僕らの服を知ってもらうための場として、とても魅力的だと思いました。

――百貨店との取引形態で一般的なのは、買い取りではなく消化仕入と呼ばれているもの。各ブランドが納めた商品について、売れた分だけ百貨店が買い取り、売れ残った分はブランド側が引き取るという形態で、そういった環境において、若いブランドはなかなか対応できないという話をよく聞きます。

はい。僕らみたいに、始めたばかりで小さなところにはなかなか難しかったんです。ところが、そのバイヤーさんが提示した条件は買い取り。それならということで、参加させていただくことにしました。

ただ「解放区」の中で、飛び抜けて人気が高かったわけではなく、どちらかというと厳しいスタートでした。

布からオリジナルで作っているので、他のブランドに比べると値段が高かったのかもしれません。

それで、布からオリジナルで作っていることを、何とか伝えられないかと考えました。たとえばタグ＝商品の下げ札に「オリジナルファブリック」と謳うのもいいかなと思ったのですが、それって何だかかっこ悪いような気もして（笑）、布の名前を記すことにしたんです。

ブランドを始めた時から、オリジナルで作ってきた布のひとつひとつに名前を付けていたので、それをタグに書いてみたのです。

名前をきっかけに、お客様との会話の中で、布からオリジナルで作っていることなどに触れ、僕らの服のことを理解していただけるきっかけになるのではないかと。

そうやって少しずつ工夫しながら、何度か「解放区」に参加し、後半はファンが少しずつつき、良い成果を出すことができたのです。

――その後、上階の婦人服フロアに移り、期間限定でなく常設で買えるようになりましたね。

はい。当時、伊勢丹の4階にあった「リ・スタイル」という自主編集売り場で取り扱ってもらうことになったのです。

バイヤーさんが選んだ複数のブランドが並んでいる、いわば百貨店の中のセレクトショップです。

バイヤーの方がすごく熱心で、僕らの服の考え方に賛同してくれたのが大きかったです。取引形態についても話し合い、ご理解いただくことができてありがたかったです。その方と一緒にプランを練って、海外のメーカーとのコラボレートで限定商品を作ったり、イベントを行なったりと、新しい試みをいろいろとやったのも、良い思い出のひとつです。

「リ・スタイル」に商品を置いたことで、地方も含めて「取り扱わせてほしい」というお店が出てきて、徐々に卸先は増えていきました。
以来、百貨店も含めて、僕らの商品を卸すところは買い取りを条件にしています。

なぜかというと、僕の中で消化仕入という条件はフェアじゃないという思いがずっとあったんです。

魚市場で働いた経験から考えると、消化仕入は一度買ったサンマを「使わなかったから返す」というのと同じこと。

経営という視点から見ても、消化仕入にすると、本当に販売できたのかどうかがわからなくなります。

出荷した時は売れたように見えるけれど、返品されてきたら売れていないことがわかる。
卸した時に売上が立っても、返品されたらなくなってしまう。
それを続けていったら、予定していたお金が入らなくて、工場にお金が払えないという状況になりかねず、訳がわからなくなっていくと思いました。

――買い取りにこだわっている理由はよくわかりましたが、百貨店で「ミナペルホネン」を売る意味はどこにあるのでしょうか。

取引を続けている理由は、世界中から集まっているブランドと一緒に商品が並ぶということです。

百貨店には、海外のさまざまなブランドも、日本のブランドも一堂に会している。その中で、僕らの服がどれくらいの価値を感じてもらえるのかを知ることができる。一種のバロメーターとして重要ととらえているのです。

◉ファッションビルや商業施設に出ない

――「ミナ ペルホネン」は、ファッションビルをはじめ、いわゆる大規模な商業施設にお店を出していませんが、それはなぜですか。

大きな商業施設に出店しない理由は、自分たちの真価を問うバロメーターにならないからです。

僕らがやりたいと考えていることは、訪ねることに価値を感じ、それを理由に来てもらえるお店であろうということ。「今日はあのお店に行ってみよう」と思い立って、何かの期待を持って来ていただける場になりたいと考えています。

駅の近くの便利なところ、あるいは郊外の大きな駐車場を持っている商業施設の場合、何もしなくてもお店の前をたくさんの人が通っていきます。それでは僕らがやろうとしていることには向いていないのです。

出店しないもうひとつの理由は、施設との取り決めにもあります。最低保証の家賃があって、それにプラスするかたちで売上の歩合を払うのが決まり事になっていて、売上が上がるほど、払うお金も増えていくというシステムです。

――そのシステムについては、私も以前から思うところがありました。販売員はディベロッパーである商業施設の人でなく出店したブランド側の人、ディスプレイやVMDといったお店の運営のほぼすべてを出店者側が担わされている。そうなってくると、場所代はともかく売上歩合について、ディベロッパーに払う理由がよくわからないと。

はい。それで僕らも固定家賃で場所を借り、お店を作る方が、運営する責任についても納得がいくと思い、あえて大きな商業施設にお店を出さずにきたのです。

03.

直営店――「記憶への期待」が始まる場所

◉物質としての服を売る場ではない

――ミナの直営店は、便利な場所というより、どちらかというと不便な場所にありますよね。

お店については、服という物質を売っているのではなく、その服を着て過ごす記憶を売っている場ととらえています。

買った時だけじゃなくて、その後もずっと気に入って着る服って、ただ所有するためにあるのではなく、たとえば好きな人に会う時に着ていたとか、気のおけない友人と食事した時に着ていたとか、自分が過ごした記憶と一体化していると思うのです。

服を買う時は、その記憶をどこかで期待していますよね。「これを買ったらどこに着ていこう」と考えるじゃないですか。どんな気分になるだろう、誰と会おうとか。

それって服を着た時に体験するであろうことを想像し、いずれ良い記憶になっていったらいいと自分が期待する。そんな風にとらえているんです。言い換えれば、未来に生まれる「記憶への期待」ということかもしれません。

お店での体験は、「記憶への期待」が始まる場として、とても大事なんです。人によっては、その服を買う時に思い描いた「記憶への期待」、「あ、こんな思い出が作れそう」というシーンが現実になった時、あるいは期待以上のことが起きた時、「この服はあそこのお店で、ああいう風に買ったんだ」と、手に入れた時の場面を思い出すもの。僕らのお店が、そういう存在になってくれたらいいなと考えています。

――服の価値とは物質じゃないということですか。

服という物質を手に入れる時に払ったお金、つまりその時の貨幣価値が、物の価値ではなくて、物質から生まれたその後の思い出や体験になっているのだと思います。

たとえば、どこかのレストランでディナーを食べた時、一品一品のメニューは覚えていないけれど、その時レストランで過ごした情景や雰囲気や会話が記憶に残っていることってありますよね。何をどう食べたかというよりずっと強く。体験のすべての調和が、価値を担っているからだと思うんです。

そう考えると、レストランに行くのは、料理を食べることが目的のひとつとしてあるのだけれど、良い時間や体験をしたいということが実は大きい。こういう気持ちは、誰もが何となく抱いているのでは。

僕らのお店も、物質としての服を買っていただく場というより、良い時間や体験をしていただく場でありたいと、ずっと思ってきました。


その服を手に入れた時の「記憶への期待」が実現したり、別の良い体験をしたりすることで、買った場所や時間のことを思い出す。

そういう「記憶への期待」の環境を作ることが、僕らのお店の目ざすところです。


こういうことについて、今ほど明確ではなかったものの、最初にお店を作った時から考えていました。

流れている音楽や、飾られている花やアートも含め、そこにあるすべてのものが「ミナ ペルホネン」の空気となって、訪れた人を迎えられるように、ささやかな工夫を大事にしてきたのです。

インテリアデザインについても、床や天井などに、木や石、革、銅板、タイルといったものを使い、時とともに風合いを変え、味を生んでいく材料にこだわってきました。

人は時間の流れとともに成長していくものだし、服はそれに寄り添っていくもの。そういう移り変わりを大切にしていきたいと考えたからです。

——お店で買う時、接客は大切な要素です。ミナには販売マニュアルみたいなものはあるのですか。心がけているのはどういうことですか。

お店の人とコミュニケーションする場はとても大事です。場があって、服があって、お店の人との会話がある。

その時、自分たちはこの服を作るためにこんなことを考えましたという背景や、作る時の思いや根拠を、お客様に知っていただくことは、お店の人が果たす役割のひとつです。

「この布はこうやって作りました、この柄はこういうイメージでデザインしました。この服のフォルムは、この布をこう活かすためにこうしました」という風に、すべてのプロセスについて、自分たちの意図を伝えることで、お客様が暮らしの中でイメージしやすくなります。

僕らには販売マニュアルというものはありません。態度だけを方程式のようにしてしまうと、形式的なサービスになってしまうととらえているからです。

お互いがリラックスした関係から始まって、ものを通して豊かなコミュニケーションが生まれれば、良い時間を過ごせるに違いないと考えています。

◉そこに行くための時間と労力

――2号店は京都でしたね。なぜ京都にしたのですか。

2007年、京都に直営2号店を開きました。1号店から7年経っていましたから、出店の計画でいうと、かなりゆっくりかもしれませんね。

2号店を関西にというのは、この業界で割合と常識になっていること。ただ京都ではなく、まず大阪にというのが一般的です。関西で最も人口が多い都市ですから。

でも前に触れたように、僕らがお店を出す時には、人が多くて誰もが入りやすいことを第一条件にしてはいないのです。

「あのお店」と思っていただける価値と、そこに行くための時間と労力を使っていただけるかを考えたいのです。

京都は観光客でいつも賑わっているじゃない？　そういう意見があるかもしれません。だけど京都は、文化や街の景観や歴史や食といった、多様な目的を持って訪れる人が多いところ。そこにお店を出すことで、いらしてくださるお客様の時間が豊かになるといいなと願いました。

2年くらいかけて、じっくり物件を探しました。焦らずに。場との出会いってとても大切ですから。

最初は街のはずれがいいと思ったのですが、今の建物と偶然のご縁があって、そこに決めることになったのです。

もともとあの建物は、5階に30年以上の歴史を持つテキスタイルを中心としたギャラリーがあって、素敵だなと思っていたところでした。

ある日、そのギャラリーのオーナーから、ビルの1階が空き物件になるから借りませんかと誘っていただき、その場所ならと即決したんです。

壽ビルディングという名の建物で、90年以上前に建てられ、登録有形文化財（建造物）に認定されている由緒あるものなんです。

銀行として作られ、天井の高さが5メートルもある贅沢な空間。郷愁というかノスタルジックな雰囲気が漂っていて、居心地がいいところも気に入りました。

四条河原町交差点の南側にあるのですが、周囲に服のお店はほとんどなくて、割合と静かなエリアです。便利で静かというロケーション、これはやっぱりいいですね。

——今はあのビルの複数フロアにわたって、ミナがショップを構えていて、小さなデパートのようになっています。

1階には「ミナ ペルホネン」、3階にはニュートラルカラーの服とアートピースをメインに置いている「ミナ ペルホネン ガッレリア」と、テキスタイルを主軸とした「ミナ ペルホネン マテリアリ」、4階には、子供服と残布から新しいものを作り出すお店「ピース,」があります。

◉「景色がいいところ」にお店を出す

――これからの計画もいろいろあるのですか。

直営のお店を少しずつ出していきますが、これからは街の中心だけではなく、郊外のロケーションに構えるのも良いなと思っています。郊外と言っても、「景色のいいところ」と決めているのです。

旅をして訪ねるような感覚で、「景色のいいところ」にあるお店での体験が、その人の記憶に含まれるようにしていきたい。そう考えています。

これはオンラインストアとの差別化になるかもしれません。足をのばしてお店を訪ね、人と会話を交わすということは、ネット環境とまったく異なる体験ですから。

これからますますネットは発達していくのでしょう。そうなればなるほど、リアルなお店の存在は重要になっていく。それは人や物との出会いの場として。

――ここに出そう！　という決定的なポイントはどこにあるのですか？

どういう基準で場所を選んでいるかについては、いくつかあるのですが、その土地に固有の文化や暮らしがあって、地元の人たちが愛着を持っていること、暮らしを喜んでいることを大事にしています。

それと、海外も含め、その地域の外から多くの方が訪れることも大切なポイントにしています。土地を通してインサイドとアウトサイドがつながっている、「開かれた土地」と言っていいかもしれません。

一方で、「ここにお店を出したら人がいっぱい来る、坪効率もいい、この場所に出そうよ」ということは、自分たちの気持ちから離れている感じがあります。

たとえば松本は、八ヶ岳のふもとにあって、小澤征爾さん率いる「セイジ・オザワ松本フェスティバル」という世界的なコンサートが開かれ、毎年行なわれているクラフトフェアは、国内外から多くの人が訪れるイベントになっています。

地元の人と話していると「湧き水があっていい」「山が見える暮らしが好き」と、日々の暮らしを喜んでいる様子が伝わってくる。そういうリアルな感覚って大事ですよね。

それで、六九《ロック》商店街というのどかなところで、前は薬局だったところを借りることにしました。知り合いの紹介で、「いいところがあるよ」と教えてもらって見に行ったらすっかり気に入り、お店を出すことにしたんです。

――普通、店を出す時は綿密なマーケティング調査をするものですが、そういうリサーチ的なことは一切しないのですか。

リサーチというか、自分たちの足で探すところから始めます。街を歩いて、「景色のいいところ」を探すんです。

周囲にある自然や建物の配置、歩いている人たちの雰囲気も含め、「気持ちがよい」と感じたら、そこにしようと決めますね。

場所探しは、僕だけでなく何人かでやっています。それも「いついつまでに決定しよう」と事前にプランを立てるのではなくゆるやかに探す（笑）。

「景色のいい、心地がよいところ」なので、出会いが大切。素敵なところを探し、地元の知り合いに聞いてみたり、行って歩き回ってみたりということをやっています。

そうしているうちに、何かのご縁で出会いがあって、これはいいという場所が見つかってお店を出す。それを続けてきたのが、僕らの今までのやり方です。

こういうことは、どうやったら自分たちらしいかを考え、やってきたことばかり。

何事もそうなのかもしれませんが、一所懸命に追及していくと、最終的には自分たちの居場所にたどり着く。そんな風に思うことがあります。

◉直営店の作りかた

——通常のブランドは、こういうインテリアで、ここに看板を付けてといったように、マニュアル的なものがあります。かけるお金も、坪単価いくらといったように決まっています。

お店ごとにインテリアなどの造りがまったく違っていて、共通してこうしなければならないというものはひとつもありません。それぞれのお店の顔つきが違っているんです。どのお店についても、その土地にフィットさせながら独自性を出そうと考えてきたからです。

――ラグジュアリーブランドやデザイナーズブランドでよくあるのは、お店のインテリアを名のあるデザイナーに依頼し、強いイメージを作る手法ですが、ミナはそうではないような。

僕らは信頼のおける設計の方にお願いしています。有名、無名は無関係です。その場合も、「こんなコンセプトでお店を作りたい」とお願いするだけで、予算のことは初めは話しません。どうしても削らないといけないことも、もちろんありますが。

僕らの発想の中に、お金をかけて見た目だけ贅沢なお店を作るということはありません。予算を決めず、話し合いながら店作りをしていきます。

でも一件だけ、思いのほか見えない経費がかかったところがあります。青山の「コール」

です。あの場所は、前がフランス料理のレストランだったところで、かなりしっかりと作り込まれていたので、思いのほか解体費用がかかりました(笑)。ただ、考え方は他のお店と一緒なので、解体以外のところで贅沢にお金を使ったわけではありません。

階上なのに大きな庭があって、窓からふんだんに光が入る。建物がもともと持っている人格みたいなものを活かしながら、「人を呼び寄せる、世界から素晴らしいものを呼び寄せる」という僕らの意図を表現する空間作りをやってみたのです。

――エレベーターの扉が開くと、ホテルのロビーのような空間が出迎えてくれるのですが、素敵な絵がとても印象的です。床はオリジナルのラグが敷き詰められ、壁もオリジナルのタイルという凝った造りです。

エントランスの壁画は、ストックホルム在住のイラストレーターであり絵本作家であり、グラフィックデザイナーのヘニング・トロールベックさんに依頼して、描いていただいたのです。ヘニングさんの絵を紹介している本と出会って、魅了されたのがきっかけでした。

それで、「コール」の店の入り口を一緒に作ってもらえないだろうかとお願いしにアトリエを訪問したのです。たくさんの作品を見せていただき、お互いの話をしたりして時間を過ごしました。

彼の中にも、「コール」のエントランスという場所に、自分が描く世界が加わる楽しさが湧いてきて、引き受けてくれました。

結果的には、さまざまな種類の緑が繁り、色とりどりの可憐な花から花へ蝶が遊ぶ、豊かな森を描いてくれて、とても嬉しかったです。

――カフェの天井が釣り鐘のドームのような形状になっていて、そこにオリジナルの布が、パッチワークのように貼ってありますよね。無数の三角形の連なりで埋め尽くされているのが圧巻です。

もともとあったものを活かしながら、どうしたらお店の考えに沿った空間を作ることができるかを、インテリアをお願いした中原慎一郎さんと話し合って作ったのです。

お金をかけるというより、丁寧に手間をかけて良いものを作ることを大切に。何より立ち寄ってくださったお客様それぞれが、ここにあるものやここに流れる時間、スタッフとの会話を通して、嬉しい、びっくり、美しい、懐かしい、おいしいなど、喜びや発見を感じていただけたらと考えたのです。

僕らにとっては、このような場所でお店を開くのは初めてでしたし、やりたいことをやってみたので、最初は反応が小さくても相当意味があると思ったんですが、予想していた以上に、多くの方々にいらしていただいて、嬉しいと感じています。

――馬喰横山にも、おもしろいお店を出しましたね。

「エラヴァⅠ」と「エラヴァⅡ」という2店舗を。

どうしてあのお店を作ったかというと、「エラヴァⅠ」のある場所は、日常に使うデザインやクラフトを販売していた「スターネット東京」というお店だったのですが、閉まることになってクロージングパーティーに招いていただいたのです。

引き継ぎ手がいないと聞いて、「じゃ、僕がやります」とその場で決めました。その空間を生かしたいと思ったのが理由です。

これも、ご縁と直感で選んだんです。周囲にお店が少なく、まだ訪れる理由の多い場所とは言えないかもしれませんが、僕は、だから行かないということにはならないと考えてきたので。

――初の直営店だった白金台の本店を代官山に移しましたが、あれはどういったことからだったのですか。

２０１６年、本店を白金台から代官山のヒルサイドテラスに引っ越しました。どうしてそうしたかというと、20年以上にわたって、僕らの展示会をヒルサイドテラスの一角でやらせていただいてきた中で、代官山という町やヒルサイドテラスに魅力を感じました。

ヒルサイドテラスは50年も前にできたものなのに、古びたところがまったくなく、「景色の良さ」が続いているいい場所だなあと思ってきました。

スペースが空くのを待っていました。ずっと気に入っている場所に本店を構えるのはいいことだと判断し、思い切って白金台から代官山に本店を移すことにしたのです。

青山の直営店 "call"

お店での体験は、「記憶への期待」が始まる場所として、とても大事。

レース工場での、手作業による補修。
機械のミスを人の手が補う共同作業。

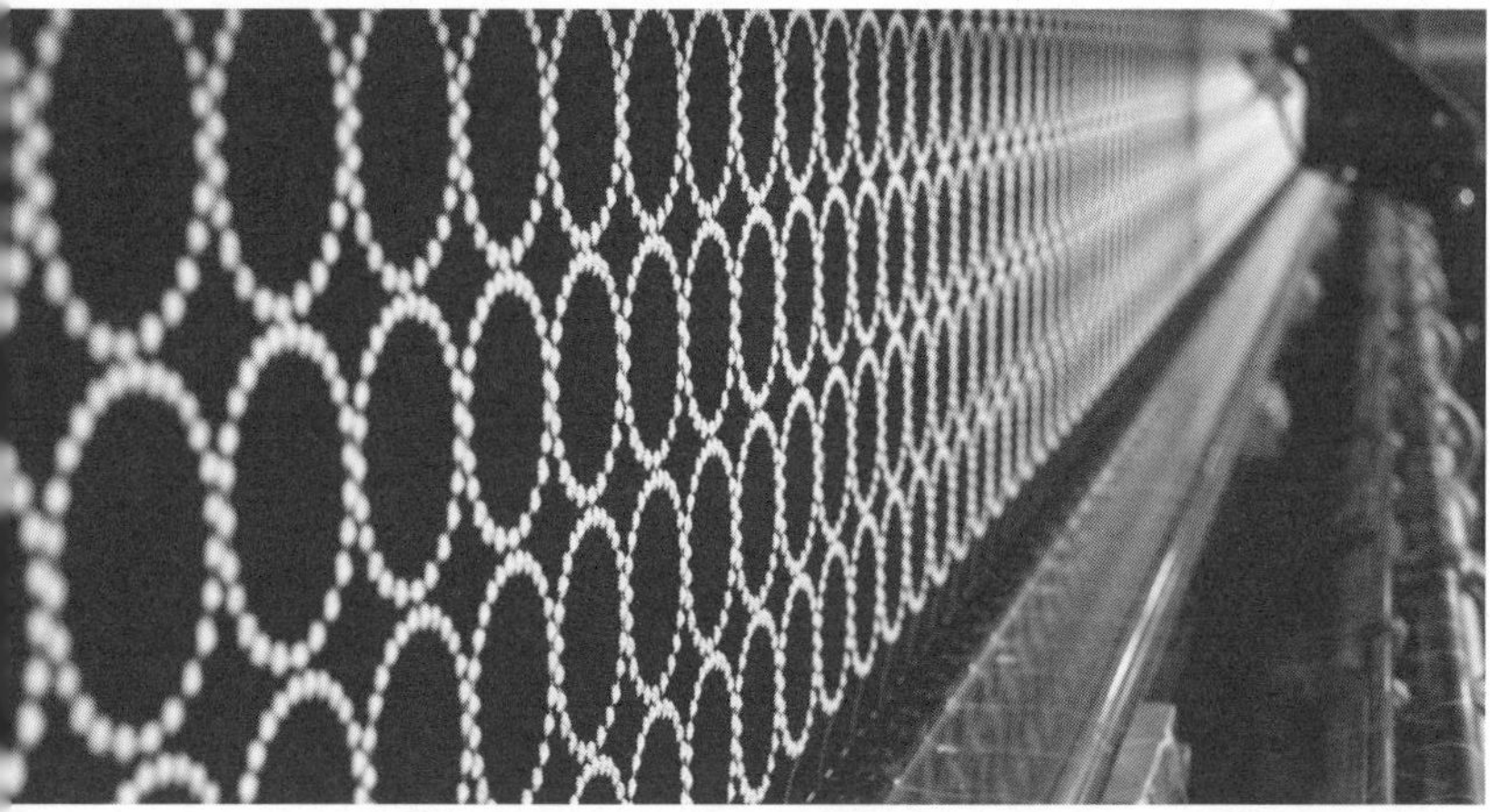

1995年よりミナ ペルホネンの刺繡を手がけている
レース工場。"tambourine"の場合は、手描きの筆致
を活かして、刺繡で塗りつぶすように面を作るの
で、何度も針を行き来させる必要がありました。

日本の工場は、他の国に劣らず高い技術を持っているし、こういうものを作ってほしいという要望に対し、柔軟に対応してくれるという点で、かなり優れていると思います。

第四章

会社組織のこと

——それぞれの人生を豊かにする道を探して

01.

「ミナ」という組織

◉社員一人一人がiPS細胞的役割を果たす

――ミナには、いわゆる「会社組織」のイメージがありません。実際のところ、どのように運営しているのですか。

本社機能を果たしているのは白金台にあるオフィスで、60名ほどのスタッフがいます。あとは直営店で働いているスタッフがいて、全部で180名くらいになります。

会社は、全体の運営と会計上の責任を持つ代表取締役と、副社長または専務と、緊急事態があった時に代行する人と、あとは各事業部の責任者という役割分担があれば、今のところ成り立つと考えています。

ミナは、社長がいて、副社長がいて、取締役がいて、役員は僕も含めて3名です。

部署としては11に分かれています。総務、経理、テキスタイル（企画から生産管理まで）、パターン、服全体の生産管理、販売管理、小物雑貨、子ども、プレス、デザイン（グラフィックや媒体系）、ウェブです。

それぞれの部署には部長がいて、数名単位の規模です。


僕がこうあったらいいなと考えている組織は、上の方に人を増やさず、部長的な役割の人たちが自分で考え、連携や相談をしながらやっていく。社長はそれを承認したり、「なるほどそれは辻褄が合うね」という風に、全体を俯瞰した上で、整合性を確認するようなかたちです。なかなかそこまで到達できていませんが。

今はまだ、僕が経営判断をし過ぎているかなと感じます。本当は、部長や現場にいるいろんな人たちが、意見を出し合って決めたことを承認し、促すような役割、そうありたいと思っているんですが。

承認を求めて上がってきたことについて、自分が納得できないと、つい別の案を言ってしまうし、それが通るのもあまり良くないなと感じています。

会社の代表である僕が、経営責任を担っていることを盾に、自分が正しいと主張し過ぎているのかなあと思うこともありますね。

決断が少し独占的になっているのかもしれないと。

――社長とは普通そういうものだと思うのですが、社員にもっと任せたいと考えている。そう思う理由はどこにあるのですか。

社長だけが決断をくだすのは、長期的には限界があると強く感じています。なぜなら会社組織がそれに慣れていってしまうから。

そうすると、次の人たちが、リーダーシップをとろうというよりも、誰かの指示に従うのに慣れていってしまう。

一方でそれに馴染めない人は、やめる、無関心になる。そのパターンに陥ってしまうのは、良いことではないですよね。

なのに、今の自分はそうなってしまっているかもしれないというジレンマがどこかにあります。そしてどうやったら、もっと良い組織にできるだろうということを、ずっと考えている。

代表取締役として果たす役割については、悩むところが多いです。

――縦割り組織の弊害は、どの会社も問題になりがちですが、ミナの場合はどうですか？

見ていると、部長クラスの人たちは、かなり頻繁にコミュニケーションをとっているようです。それも割合と自然に。

自分たちの部署の中での仕事は完了しました。だから後のことは知りません。そういうことではなく、自分たちの仕事が完了した結果、それを誰に伝えなければならないかを、仕組みというより、自ら気づいて実行してくれています。

なぜかというと、業務上の連動性があるから、その結果、コミュニケーションがとれているんだと思います。ものを作る生産の部署から、お客様と対面するお店の人へと、それぞれの部署がつながって伝えていかないと、会社全体として成立しないですから。

うちの会社では、社内のコミュニケーションについては自発性を基本にしているので、何か書類に記入して判子を押して回すということも、ほとんどやっていないんです。

ただ、それぞれの案件について、誰とつながっていなければならないか、それが大事ということをずっと課題にはしてきました。だから各人が意識し、実行しているんだと思います。

それでも社内で何か問題が起きた時って、主語は何で、目的は何で、いつまでにやりたいことなのかと、僕が状況の背景を聞いて、「じゃこうしたらいいんじゃない。こうすれば解決できるんじゃない」ということが多い。部署と部署が大事なところでつながっていないという時です。

そういう事実を見ていると、目の前の問題に対して、自分とは異なるところではなく、自分が所属しているところの問題というマインドがあれば、一緒に解決できることが、実は大半を占めていると思いますね。

僕は、組織にとっての社員一人一人の考えが、人間の身体にとってのｉＰＳ細胞的な役割を果たせるようになったらいいと思ってます。

そしたら誰もが、ｉＰＳ細胞のようにいろいろな細胞になれるわけですから、ｉＰＳ細胞を腎臓に移植したら腎臓の一部になる、腕に移植したら腕の一部になるということで、「私は腕の細胞じゃないから、腕は私の責任じゃないです」ということがなくなりますよね。

ちょっと冗談みたいな話ですが、相手を理解し、その気持ちになれると自分自身が思えれば、実は誰もが理解し協力し合えるのではないかと思っています。

――社員の数をおさえ、外部のプロと組んで、プロジェクトごとにチームを組む働き方が増えています。

外部の人にかかわってもらい、プロジェクトベースでチームを組んだ方が、時間の効率が良かったり、質が上がったりということがあるのかもしれません。

ただ僕は、たとえ成果が少し劣ったにしても、社員を主体にしていくことが健全ととらえているのです。


たとえば今は、グラフィック関連の仕事は社内にチームがあり、基本的にはそこがやることにしていて、あまり外部に委託していません。

その理由は、社内で作った方が、◯◯さんに発注して作るというやり方に比べ、圧倒的に社員が思考する量が多くなるから。


外部に依頼すると、できあがってきたものを恭しく受け取って、良いか悪いかの前に、受け留めてしまう。力のある外部デザイナーにデザインしてもらえることはありがたいのですが、社内で行うケースに比べ、検討する機会は減ってしまう。

本来、自分たちで負わなければならない責任を、楽な方向に流してしまうように思うのです。いつも花は咲いているけれど、根っこはない状態と言ったらいいでしょうか。

それはまた、僕が他社の仕事をやっている時に感じることでもあります。デザインのディレクションをしてくださいという仕事において、自分が描いていったものが、そのままそっくり受け入れられてしまう時、質問や意見が欲しいなと。

相手の会社にも、デザイナーだったり企画だったりと、クリエイションを担っている人がいるのですから、外からやってきた僕に対し、「これは違う」とか「もっとこうしてください」というやりとりがあってもいいのではと思ったりするのです。

これが極端に悪い方向に行ってしまうと、提案されたものを覆さずに受け入れれば、自分で考えなくてすむという風になってしまう。社員が考えなくなるのに、外部にお金を払っている。こういう仕事のやり方は良くないと感じます。

自分たちで考えて揉んでいくということ、実感として自分たちがやったぞという感覚は、すごく大事なことじゃないかと思います。

◉課題を持ってしゃべるグループミーティング

――企業でよく聞く話が、会議が多くて大変ということです。ミナではどのような会議を行なっているのですか。

社員が集まって行なう会議においては、訓話みたいなことを僕が話しても、あまり有意義な時間にはならないし（笑）、全員に響かなそうと思っているので、そういうやり方はしていません。

結局、トップダウンの話って、聞く人はいつも聞くんです。そして、既にそこには共感性があるんです。

ただ一方で、汲み取れない人というのもいて、そういう人は簡単には聞いてくれない。なので、全員で集まる会議はできるだけ少なく短い方がいいと思っています。

うちではグループミーティング的に、課題を持ってしゃべる会議を定期的にやっています。数人単位だと、みんな話し合いますよね。

これが全体会議となると、大勢の前で話すのが苦手とかで話さないまま終わって、一方的に聞くことになってしまう。

それよりは、小単位にして話し合った方が、一人の話をみんなが聞くより、うんと活性化するなと思って。

終わってからその内容を、メールで共有するので、僕も必ず読んでいます。

グループ分けについては、総務的なセクションが、部署や年齢を越えて混ぜるかたちで行なっています。

部署や年齢を越えることには意味があって、社内の仕事はある程度分業しているので、全員がそれぞれの役割をわかっているわけじゃないんです。

だから混ぜると、普段、あまり話したことがない人とも意見が交わせるし、「こういう役割を担っている人は、こんなことに悩んでいるんだ」、あるいは「この部署はこういうことで困っているのか」と発見もあるのです。

このやり方は、効率も良いと思います。たとえば1時間の会議だとして、60人集まれば60時間が、100人集まれば100時間が使われるわけです。そこにかける時間と労働は、会社にとっても参加者にとっても有効な方がいいですよね。

同じ時間を使うならば、黙って人の話を聞いて、あるいは限られた人だけが発言する会議より、みんなで話し合って課題を解決する、アイデアを練る。目的をはっきりさせ、成果が出るグループミーティングの方がずっといいと思ってます。

02.

「ミナ」の人事

◉「これをやりたい」が強い人

――ミナの社員は、現在180名ほど。採用はどのようにしているのですか。

人については、定期的な採用はほぼしていないんです。企画、パターン、接客といったように、必要な役割の人を必要なタイミングで募集しています。ただ、募集したからといって、「わあっ」というほどたくさん応募が来るわけではありません。

応募者について、まず各部署のリーダーが面接をして、そこを通ったら、僕が一緒にもう一度面接して決めることにしています。

入ってもらってから、お互いに合わないということもあれば「予想していたよりピッタリだった」ということもあるでしょう。その意味では、初めの判断は、あまりあてにならないかもしれません。

ただ、少なくとも応募してきてくれたということは、目的を持っているわけですから、「あなたは違う」というのではなく、「きっとがんばろうと思っているんだな」というところを汲み、肯定的な見方をするようにしています。

経歴や作品を見ることもありますが、どちらかというと人柄によるところが大きいですね。

どういう人柄かというと、やっぱり目の前の役割を一所懸命にやれる人、仕事に打ち込んでくれる人がいいなと思います。

物事や仕事に対して熱意があるということは一番です。条件だけを見て応募してきた人ではない、ここのところを大切にしています。

そして物欲っぽいものが前面に出ていない人。物欲とは、出世的なことや金銭的なこと、名誉的なことなどが入ってくるのですが、それより「これをやりたい」が強い人の方がいいと思うんです。

話しぶりやしぐさも含めた様子から、何となくそう感じたら、「一緒に働いてみよう」、になります。

——ミナの人たちは、穏やかで一所懸命、仕事に取り組んでいるという印象があります。やめていく人は少なさそうです。

もちろん長く続く人は続くし、そうでない人はやめていきます。

最初の1、2年でやめない人は、その後も続けていくケースが多いので、ベテラン社員もそれなりにたくさんいます。

ただ、「やめます」と言われたら、僕は基本、引き止めません。

なぜかというと、自分で決めてやめるのは、いろいろな意味で良いことだと思っているから。周囲が決めたのではなく、自分でやめると決めたのですから、次に向かえば良いし、そこに後悔や失敗や反省があったにしても、自分の道になっていけばいいと思うのです。

もしその人が、引き止めてもらうことを期待して「やめます」と言ったのに、引き止めてもらえなくて寂しいと感じたら、そういう風に気持ちを引きずらないでほしいし、やめてから「あ、しまった、もっと我慢してこらえれば良かった」と後悔するとしたら、その気持ちを次の仕事で活かせばいい。そんな風に考えているのです。

――意外です。思ったよりクールなんですね。

僕は、誰もが自分が大事とする考え方に沿って生きていくのがいいと思っています。人生も集団も、おのおのの意思によるものだととらえているからです。

自分の置かれた環境について、生活がちっとも良くならないとか思っていてもあまり意味がない。それぞれの人が、それぞれの人生を生きることは、とても大切なことですから。

自分の価値観にしたがって生きる方が、楽しいと感じられるのではないでしょうか。

「やめます」という人について、会社にとってのメリットデメリットでなく、その人が決めたことを尊重したいと、そうやってきたのです。

僕の考えが足りていなかったと思うこともたくさんあって、そこは反省する機会にもなっています。

――ミナに入るということは、もの作りにかかわりたいという意思が強いように感じます。人事の異動はあるのですか。

部署の間の異動は、基本ありません。ただショップスタッフで入った人がデザインをやりたいと希望を出してくるケースなどはありますね。

そういう場合は、僕に直接、プレゼンしてもらうことにしています。

でも、そこを突破して販売から企画に動いた人は、残念ながら過去に一人だけなんです。

「いつかはデザインしてみたい」と思っている人はいるのかもしれませんが、実際に挑戦する人は少ないということです。


少し厳しいことを言うようですが、「いつかはやりたい」という人は、恐らく一生やらないのではないでしょうか。試しもしないで、やりたいなぁと言っているだけでは何も起きないと自分を振り返っても思います。

僕にプレゼンするのを怖がっているのかもしれませんが、ダメだったらどうしようと心配してやらないのだとしたら、その姿勢が、そもそも企画に向いてないのではないでしょうか。

企画を希望している人は、その仕事に就いたら、僕ではなく、本当に必要とするお客様にプレゼンすることになって判断される。それはもっと直接的です。

社長にプレゼンできない人は、社会にプレゼンできるはずがないのです。

自分が判断されることを受け入れ、そこにめげない忍耐力みたいなことも含め、プロとして足りないことを知り、きちんと理解できることも大切だと思うのです。

——仕事に対して、好きと厳しさは同居しているのですね。

はい。僕らと同世代で、自分でブランドを始めた人はたくさんいたと思うのですが、20年経って残っているのは、ほんの一握りだけです。それだけ継続は困難です。

でも社会とは、本来そういう厳しさを持っているものであり、並大抵の「やりたい」では続けるのが難しいと、自分自身も感じています。

「好きでやってみたい」は大前提ですが、好きって山ほどの段階があるから、その度合いが大事です。

極端に言えば、「好きなことが実現したら、他のことは何もなくてもいいからやりたい」のか、「あまりリスクを負わず安全圏にいたい」のかではまったく事情が違ってきます。

僕はものすごく好きだからやっていますが、それは大きな負荷を背負う覚悟があってのこと。好きを越えた情熱と探究心がないと続かないのです。

しかも、好きを維持していくことも重要で、継続していかないと結局はダメになっていくのです。

好きというのは、本来、それくらい大事なことと僕はとらえていて、スタッフそれぞれが自分の足で歩きながら、そうなってくれればいいと思っています。

好きでやりたいことがあれば本気でやってみればいいし、逆に、さほど好きじゃなかったからやめるという選択肢もあって、それはそれで、やめてしまった理由を、自分なりに見つめられるのでいいととらえています。

僕は、この仕事をやめないと最初に決めて始めたので、やめるという選択を絶っているのですが。

――自分の「好き」を見つけるためにはどうすればいいのでしょうか。

自分が志すものを、焦点を合わせて見る力と広角でとらえて見る力、あるもので最大限充たす力、それぞれが大事なんです。

かと言って、そうおおげさなことではなく、たとえば素晴らしい時間とともに、おいしいものを食べたいと思った時、今の季節で今日の天気なら、きっとあそこで◯◯を食べるといいだろうなと想像できること。それは可能性を最大限に生かすこと。

一方で、山で道に迷った時、わずかなパンとビスケットしかないけれど、ものすごくおいしくて生きる力になると感じること。それは可能性を最大限に生かすこと。

そういったことを大切にしながら、「好き」を見つけ、やり続けていってほしいと思います。

◉社員一人一人に手書きの手紙を書く

――仕事の評価は難しいことのひとつです。皆川さんのところは、どのように社員を評価しているのですか。


年に二回、自分の評価をまず本人がして、それをセクションリーダーが見た上で、セクションリーダーと本人とが面談します。仕事の内容や目標、成果などを話し合ってもらうのです。

その結果を、僕はセクションリーダーから聞くことにしています。

一応、評価の基準としてA、B、C、Dのランクをつけていたのですが、あまり意味がないのでやめることにしました。一般論として、評価される側はAと書くとおこがましいと考えてBと書きがちだし、評価する側はAと書くとあまりに満点ということからBと書きがちで、バランスをとってしまう気がするのです。

――それでは、どのように評価するのですか。絶対評価なのか、相対評価なのか、その辺りも含めて教えてください。

評価をする時、全体の中の相対評価なのか、個人としての絶対評価なのかというと、企業の場合は利益から給料を出しているので、総量の中の分配になりますが、評価は総量の範囲で絶対評価です。

うちはどういう物差しで給料や賞与を決めているか。それは営業成績に関係なく、その人の意思によって、どのくらい物事が進んだか、うまくいこうがいくまいが責任をとり続けたかということで評価することにしています。

全体の中のバランスを見て、賞与を決めています。これは定量的なことでなく定性的なことなので、なかなか難しいのですが。

労働に対する評価とは、会社にとっても社員にとっても重要なことなので、常に考え方を深める努力をしています。

――評価を本人に伝えるのはどのようにしているのですか。上司から通達するという手順が一般的ですが。

評価の伝え方、いわゆるコミュニケーションは、とても大事だととらえています。

だから、その人のことを思い浮かべながら、一年に一度でも、僕が社員一人一人に手紙を書くことにしているのです。

中身は主に、その人に感じることと期待することについてですね。仕事の課題に直結した具体的なことを書くというより、僕は「あなたのがんばりに励まされたことがある」など、その人の姿勢から感じたことも含めて書くようにしています。逆に「与えられた役割に対し、あなたなりのやり方で、もう少し踏み込んでみてください」ということもありますね。


手書きにすることには割合とこだわっています。その方が空気として伝わりやすいと思ってのこと。本当にそうなっているかどうかはわかりませんが。

ただ、社員の中に「捨てられない」「ずっととってある」という人もいるようだし、何年か経って、前のものを読み返してみたという人もいたりして、それには僕自身が励まされています。

手紙というやり方をするようになったのは、ブランドを立ち上げて5年くらい経ち、ミナを会社組織にした時のこと。うちもようやくボーナスを出せるようになったと、感謝の気持ちをしたためたのが始まりでした。

途中、書いていない期間もありましたが、そこをのぞいてずっと続けていますね。最近は社員が増えて、全員分を書くのにおおよそ1週間ほどかかります。この間、初めて腱鞘炎になっちゃいました（笑）。

続けているのは、僕のことを少しでも身近に思ってもらいたいからです。社長とは普段会わないし、しゃべらない人という風に思ってほしくないんです。

以前は社員旅行をやっていたのですが、これだけの人数になってくると、皆がいっぺんに動くのが難しいということで、やれなくなってしまったのです。

時々、小さな単位で食事に行ったりということはありますけど、特定のグループと偏るのも良くないし、全員と順々に食事するというわけにもいかない。僕なりにいろいろと考えた結果、手紙というやり方をとっているのです。

今年は書けていないので、これから順に書いていく予定です。

——昨今、女性の活躍ということがさかんに言われていて、結婚や出産を含め、企業はさまざまな制度をもうけたりしています。社長としての皆川さんは、そのあたりをどう見ていますか。

うちは、女性がほぼ9割を占めていて、結婚、出産、親の介護、夫の転勤など、自分の意志だけでなく別の決定事情から、仕事を休んだりやめなくてはならない人が、割合と多くいるんです。

僕は、できるだけ個人の事情を聞いて対応したいと思っています。その方法はひとつひとつ、事情ごとになりますが。

ただ、その人の仕事ぶりを見る時は、子どもが小さくて手がかかるとか、親の介護をしているという事情について、仕事と切り離してしまうわけにはいきません。

家庭事情も含めた環境が、何らかのかたちでその人個人に影響を及ぼしているからです。

でもそうすると、子どもがいない人や、介護をしていない人はどうなるのかという意見も出てくるし、それも当然なことと思います。

公平性を求め、制度にしてしまうやり方もあるのでしょうが、僕はもう少し一人一人と向き合った方がいいと考えているんです。

そういった個々の事情については、全体の仕事への評価だけではなく、オプション的にとらえています。事情を配慮しようということです。

◉規則よりモラル

――社員を育てていくことについて、経営トップとしてどのような考えを持っていますか。

僕は、教えられてわかることと、自分で見つけることとは、明確に分かれるととらえています。

技術的なこととか、その人がこれを知ったらできるということは、教えればいいんですが、自分が何が好きでやりたいかについては、誰かから教わってできるものではないし、教わった通りにやってみてもあまり意味がない。

人に教えてもらって、態度だけそうしたとしても、それが本人にとっても僕らにとっても、結果的に有意義とは思えないのです。

――組織となると、たいていは何らかの教育や研修を行なうものですが、ミナではどうしているのですか。また、人の教育ということについて、皆川さんはどんな考えをお持ちですか。

研修制度、教育制度といったものは特にありません。

一律の制度にしてしまうと、こういうことが正しいとか、こうするべきとかになりがちで、人がその通りに行動すればいいと解釈してしまう。つまり、言われたことを忠実に守り、それだけをやるようになってしまう。

そういう従属性ではなく、自分で考えて自分で判断し、やってみる自主性を大事にしたい。それが僕の中で、大前提になっているんです。

従属性よりは、自主性の方がフレキシブルで、その人からのエネルギーが出やすいと思うんです。

教えるとしても、いわゆるノウハウや精神論について、直接的に働きかけるのではなく、その人自身がオープンになって個性を出してくれ、自主性を発揮するにはどうしたらいいだろうと考えながら、間接的に働きかけた方がいい。

だから、研修や教育制度ではないやり方をしたいと考えてきました。

僕の中に、規則という外側にあることよりは、モラルという内側にあることの方が大事だという思いがあるのです。

規則によって調和や統制がとれるのではなく、モラルによってそうなりたい。モラルという言葉を誠意と言い換えてもいいのかもしれません。

誠意をもとにすれば、ものを大事に扱うだろうし、仕事の相手にも誠実に話すだろうし、お客様にも丁寧に対応する。自ずとそういう行動が行なわれるようになるのではないでしようか。

こういうことが徐々に伝わってほしいと考えています。

03.

社長「皆川明」のリーダーシップ

◉行き先が楽しいところかどうか見定める

――ずばり社長の役割とは何でしょう？

社長の役割は、みんなに「行き先はこっちですよ」と教えること。ここでいうみんなには、社員だけでなく、一緒にもの作りをしている染め屋さんや生地屋さん、縫製工場なども含まれます。

それぞれ歩き方は違うけれど、全員が楽しいと思いながら目的地に向かっていくことが大事なんです。

僕がやらなくちゃならないことは、行き先が楽しいところかどうかを見定めることで、ゴールがここということを決めはしますが、そこまでです。

本質的にはみんなで歩いていく道程、つまりプロセスにこそ意味がある。社長の役割は、良いプロセスを作るための、あるいは良いプロセスになっていきそうな目的地を設定することです。

最終責任者の社長も人間である以上、不完全です。それは、経営においてだけではなく、人間性ということも含めて。

もちろん最終責任は経営者にあると自覚していますが、判断を極力間違わないように、または周囲にも問題を認識してもらうために、僕はおおいに相談をします。

会社が営む事業とは、お客様や社会の価値を創造することが目的であり、その過程において、社内や一緒にやってくれている人たちの満足も作らなければいけないと思うのです。

ですから将来への道筋を決める時も、社会、お客様、そして僕らにおいての最適を考える上で、周囲とのコミュニケーションは必要です。
その上での決断と、それに対する責任を担うのが、経営者の役割です。

一方で、たとえば組織としてまとめ上げることについて、現時点の僕には、あまりできていないと思います。

正直な実感として、毎日のように「ああ、ここはこうすればいいのか」という部分的な解決を積み上げている段階。

会社を作っているさまざまな要素、たとえばある日は、お金について「ああ、こうすれば良かったのか」。別の日には、人との関係性について「このことがあってうまくいった」という気づきの連続で、会社というチームで動いていく方法は、試行錯誤の繰り返しなんです。

その意味では、社長としての僕の人格は不完全だなあとつくづく思います。組織というものを組み立てながら、修理しながら走らせている。そんな風に感じてます。

◉部分的な解決の積み重ね

――社長とは、永遠に先を見て進み続ける役割を担っている仕事です。


だからこそ、何ごとも未達であり続けるのかもと思ってます。

たとえ前に進んでいても、見えているゴールも先に進んでいくから、なかなかたどり着くことができない。なぜなら完成形はどんどん進化していってしまうから。

つまり、永遠の未達なんですが、未達じゃなかったら、道程は終わってしまうとも思います。

毎日僕が今やっている部分的な解決は、永遠の修理を続けていくことと言い換えた方がいいのかもしれません。

トップの役割ということで言うなら、個人や自分の仕事という観点ではなくて、全体観の中で感じていくこと。自分以外の視点でものごとを考える能力は大事です。社員のこと、取引先のこと、お客様のこと、その先にある社会のことも含めて、組織の運営をしながら事業の継続をしていくためにはどうすればいいのか。

全体を俯瞰してみることは、いろいろな局面で必要になってきます。

僕も、全体像については常に考えているし、何かを解決する時には、あっちからもこっちからも考えるようにしています。

――皆川さんにとってリーダーシップとは、どんなことを意味していますか。

うーん。「納得あるいは説得する力を持っていること」だと思います。そこがなかったらまず務まらないと思うのです。

「納得あるいは説得する力を持っていること」は、直接的なやり方もあるし、間接的なやり方もあって、これもなかなか難しい。日々、反省と学習の連続です。

社員に納得して動いてもらうことについては、間合いの問題が大きいですね。

僕は以前から、相手との距離やタイミングを計ることが、とても大事だと考えてきました。「あ、今、この人のことをきちんと評価しよう」とか、「ここを指摘するちょうどいいタイミングが来るぞ」といった具合です。

間合いを詰めていきながら、ひとつひとつ解決していく努力を怠ってはいけないと、結構繊細に気にしてきたつもりなんですが、これもやっぱり不完全です（笑）。

リーダーは、いろいろな人がかかわっている会社というものを、全体観として見ていくのと同時に、細かいところを気にしなくちゃいけない仕事でもあると感じています。

たとえば、こんなことがありました。

言動が少し威圧的な人がいて、周囲にいろいろな影響があるので、「どうしてなんだろう」と相当悩んだんですが、理由がなかなかわからなかったんです。

それがある時ふと、僕の言動を変えてみたらどうかなと思いつき、実際にやってみることにしました。

それまでは、「もうちょっとこうしないとね」とか「ここに気づかないとね」と、否定的に指摘する言い方が多かったのかもと思い、「こうしたのはどう考えたからなの？」とか「どう感じたから？」と、相手を肯定してから問いかけるやり方にしてみたんです。

そしたら、その人が変わってきてちょっと驚いたし、深く反省もしました。

承認欲求というものは誰にでもあって、その社員と僕とのかかわりの中で、そこが充たされていなかった。逆に言えば、それがストレスになり、その人の言動につながっていた。

僕は、指摘するんじゃなくて、一度受け入れた上で、問わなければいけなかったと気づかされたのです。「それくらいのことがようやくわかったんだなぁ」という感じです（笑）。

――経営トップとして、そこまで細かく対応しているのですね。

チームで協力し合って何かを進めていく時に、お互いに少しずつ譲り合う、歩み寄る姿勢を持つことは大切ですよね。互いが自分をしっかりと持ちながら、相手の意にも心を合わせる。これを忘れてはいけないと思います。

こうやって、部分的な解決をひとつひとつ重ねながら、組織としての良いプロセスを築いていく。それが僕なりのリーダーシップととらえています。

◉「やってみる」社員を評価する

――さまざまな経営トップの方とお話ししていると、「社員が自由に発想し、どんどん実行してほしい」と考えている。つまり「自主的であれ」「創造的であれ」と望んでいます。

少しずつできているところと、まだまだだなぁというところと、両方あります。社員には、自ら考えて行動してほしいと思いますが、無理強いすることじゃないんです。人にはそれぞれの個性があって、価値観の違いがありますから。

でも、「やってみたらいいのに。それって結構楽しいから」って、つい言いたくなっちゃうんです。

そして、また言ってしまったと思うのです。でも僕が言うことで、やってみる社員は出てきます。そうすると、やっぱり嬉しいですね。

大事なのは「やってみる」社員を評価することです。「自由にやりなさい」と言っておいて、できあがったものに対して、「そうじゃなくて」と全否定してしまうと、「だって自由にやっていいと言っていたのに」となってしまう。

良い点と足りない点に分けて話さなければいけません。

注意しなくてはいけないことがもうひとつあります。

僕が自由にやったことに対し、社員が「それはあなたが社長だから、自分で決められる立場だからできたこと」ととってもおかしくない。そこを僕は、きちんと自覚しておかないといけないのです。

たとえば、あることをやって失敗してしまった時、僕が発案者の場合は「それはこういう理由があってうまくいかなかったんだよ」と言えばすんでしまうけれど、社員が発案者の場合、「なんで失敗したのかよく考えてください」となったりしては、あまり意味がない。社長だから自分の失敗の理由を正当化できちゃうし、それを周りは認めざるを得ないという風にならないように。気をつけなくてはいけないと思っています。

最近は特に、社員が「やってみたい」と言うことに対して、「やってみて」と言うことが増えてきました。

成功も失敗も含めて、やった結果を引き受ける方がいいと思うのです。

最終的にカバーするのは上司や社長の役割ですから、思い切って提案してほしいし、やってほしいです。

それでも時々、口出ししちゃうこともあります（笑）。本来は、口出しじゃなくてアドバイスにしなくてはならないのですが。

口出しは、ともすると妨げになるけれど、アドバイスは追い風になりますから。

第五章

経営のこと

一つ一つのプロセスが暮らしをつくる
目的はプロセスを励ます為にある

01.

プロセスにこそ意味がある

◉お金の流れのヒエラルキーではない人間関係

――皆川さんが、そもそも組織を率いることになった目的は、どこにあったのでしょうか。

そもそも自分のブランドを始める時に、お金の流れから生まれるヒエラルキーではない人間関係を作りたい、そう思ったのです。
工場でアルバイトしていた時代から、支払う側だけが強い立場で支配権を持つのでなく、互いが支え合う平等な関係になった方がいい、必ずそうしなくてはいけないと考えていました。

「ミナ ペルホネン」を立ち上げた当初から、もの作りを一緒にやってくれる工場とフラットなかかわりを作るようにしたのです。

自分たちのコストありきで値引きを要求したり、納期で無理を言ったりということをせず、あくまで対等な関係で、対価と納期を決めていくということです。

それはまた、服を作って売る仕事において、結果だけではなくプロセスに重点を置くことでもありました。

ここで言う結果とは、「ミナ ペルホネン」の服などの製品であり、プロセスとは、僕らがデザインしたことの製造工程を指します。

結果でなくプロセスにフォーカスして、お金やヒエラルキーではない工場とのかかわりを築き、従来のやり方を変えていこうと思ったのです。

その後、ブランドを続けていく中で、この考え方は、もの作りに限らず、お店、販売、組織のあり方などについて、あちこちで役立っています。

会社とは、ともすると目的ありきで活動するものであり、プロセスについては、いつの間にかおざなりになってしまうこともあると思います。だけど僕は、目的に向かって進んでいくプロセスの方が、目的そのものより大事ととらえてきました。「プロセスにこそ意味がある」ことを言い続け、やり続けてきたので、それなりに社内で浸透していると思います。

――長く続けるブランドという思いも、最初からあったのですか。

はい。ブランドを始めた時から、自分一人の人生では終わらない、継続していくブランドにしたいと考え、「せめて100年」と紙に書いて始めたくらいです（笑）。

人間という動物は、想像の方が現実より遠くまで行っていて、最初はそこに追いつけない。だけど続けているうちに、近づいていくことはできる。経験を通して、そういうことが何となくわかっていたのかもしれません。

――老舗と呼ばれるブランドは、何代にもわたって続いてきたものばかりですね。

たとえば老舗ブランドのように、こういう工房があって、こういう経験のある職人がいて、お客様からこういう信頼感を抱いてもらう。そういうブランドにしたいという理想を持ったとしても、そこに行き着くには、自分の人生だけじゃ足りないということです。

老舗と呼ばれるブランドの成り立ちを振り返ってみると、初代の人がすべてを築いたわけじゃない。何代にもわたって築き上げてきた先に、今のブランドの姿があるのだと思いました。

時間が足りないのであれば、自分の人生より先の人に託していけば、いつかはできるかもしれない。それで「せめて100年」と思ったのです。

◉企業理念「ミナ＝自分」

――大半の会社には、理念みたいなものがあります。ミナはどうですか。

僕の役割は、ブランドを始めた人間として、会社の基礎を作るところにあります。だから理念を社内外に伝え、次の人たちにできるだけ良い状態で渡そうと思っています。

〝ミナ〟は〝自分〟という意味のフィンランド語なので、働く人たちには〝自分〟の仕事をしてほしいと考えてきました。

そんな思いを込め、２０１４年に「つくりかた」という文章をしたためました。

技術を革新して　手を鍛える
生活を直視して　空想にふける
緻密に企て　偶然を呼び込む
限りを尽くし　社会に委ねる
信念を曲げず　自在に動く
そうやって
進歩を怠らず
経験を心に蓄え
作っていけば
良いのだと思う。

布作りも縫製も、優れた技術を持った工場の人たちと信頼関係を作り、進歩を続けていくこと。お客様の喜びにつながるようなプロダクトを、長きにわたって作り続けていくこと。それがうちの会社の理念です。

大事にしてほしいのは、これを覚えることではなく、深く理解した上で、着実に実行していくことです。

――会社としての成長は、とかく売上や利益、社員数などではかられるもの。ミナはそういう物差しにとらわれないイメージがあります。

従来の製造業の方法で言えば、大量に作って大量に売ることで大きな利益を得る方向が、ひとつあります。売上や利益、社員数など、目に見えて数値化できる目標を掲げ、そこを目ざしていくやり方です。

でも、僕らが目標としているのは、それとは違うやり方。かと言って、数値が伸びることを否定しているわけではなく、健全な成長をしていくことは大事なことです。

もちろん、お金は二の次ということでもありません。お金はとても重要です。僕らの活動を続けていくために必要なものですから。

さらに言えば、活動を広げ深めていくために、それなりの規模も必要と考えています。

ものを作って売ることでお客様に喜んでもらう、一緒にもの作りを続けている工場の人たちにも喜んでもらう、そういう喜びを循環させていくために、お金は一種のエネルギーなのです。

うちの会社が、そういうことを続けながら、社会に役立つ状態を保っていけたら嬉しいですね。

◉後継者にバトンを渡すゾーン

――ブランドを立ち上げて四半世紀が経ち、次の代へのバトンタッチについて、どのように考えていますか。

そもそも僕は、自分一人の代では終わらせない、経営が次の代、次の代へと受け渡されることを前提にブランドを立ち上げたので、バトンタッチはずっと考えてきました。

今は、僕から次の人へとバトンを渡すゾーンに入ったところです。ちょうど6、7年前くらいのことでしょうか。次を担ってくれそうな人たちは40代前半なんですが、その人たちがやってくれるだろうという兆しが見えてきたので、早く渡した方がいい、そう思ったのです。

自分で作った会社ですし、最初から長く続くことを大きな目標として掲げてきたので、良いかたちでバトンタッチしたいなあと。

バトンゾーンは、お互いがマックスで、同じスピードで走っていることが大事なんです。僕はもうやれないから次を頼みますというのではなく、自分もマックスのスピードにのっているけれど、あなたたちもマックスのスピードだよねと言って、バトンを渡すことが、もっともいい状態だと思っています。日本の男子4×100メートルリレーのように。

もうひとつイメージしているのは、ツール・ド・フランスの自転車のチームレースです。長い距離をチームで走るために、トップにいる人は、順繰りに代わっていきますよね。全員がマックスで走っているけれど、トップは余力を持って後ろに下がり、次のトップの人が前に来る。皆がリーダーに付いていきながら、さらに力を出していく。そういうバトンの渡し方をしたいと考えてきました。

それも、先頭にいる僕が、後ろに回ってサポートする立場で付いていけたらベストと考えています。

次の社長がやりたいと考えていることについて、僕がサポートしながら、一緒に仕事してきた他の人たちと一体となり、つながっていきたいということです。

代表になる人は、ブランドのマインドを受け継ぎながら、お客様に提供するクオリティの基準を、今以上に高めていってほしいですね。

――次の社長を誰にするのかは、皆川さんが指名するのですか。そして皆川さんは会長に？

次の社長について、僕が提案するとは思いますし、その責任は大きいと思います。ただ「はい、次は君ね」という風に、独断で指名することはないですね。

部長クラスも含めた主要なメンバーを含めて相談し、「いいのではないか」という賛同を得た上で決めようと思っています。

その後の僕はどうするかと言えば、会長にはなりません(笑)。社長より僕が下がったところに行かないと、つないだことにはならないから。取締役になって残るとは思いますが。

注意しなくちゃならないのは、僕の態度をどのように変えるのかということです。大きな決断は絶対に自分がしないとか。

今は少しずつ、そのための準備に入っていて、数年先の話については、自分だけで決定せずに、これからの人たちが「いいですね」と言ってくれたら、「じゃ、そう決めます」という風にしています。

経営をバトンタッチした後、僕は主にデザインを手がけていこうと思っています。会社に貢献できる僕の一番の資質は、デザイン力だと考えているので。図案を精一杯描いて、洋服のデザインを精一杯して、より良いデザインをたくさん生み出せば、会社は運営しやすくなるのではないかと見ているんです。

僕自身にとっても、描いた図案が服になって、お客様が喜んでくださることで、自分の喜びを得ることができる。作っている時の発見は、どれだけのものが発見できるかという自分への挑戦でもあり、自分への心の報酬でもあるから。

このやり方なら、もしかすると、皆の喜びにつながっていくと思うのです。

ただ僕がどんどんデザインをやることで、社内の人たちが育っていかないと、やっぱり困りますよね。そのあたりは、全体の様子を見ながらやっていこうと考えています。

できれば、若いデザイナーを導くこともやっていきたいですね。あくまで先生的にならないようにして。

たとえば「頭の中にイメージはあるのだけれど、絵が描けない」としたら、「どんなのにしたいの？」と聞いてみて、「本当はこういうドットにしたいんだけど」と言われたら、「たとえばこういう感じはどう？」と、僕が手を動かしてあげられるかもしれない。

あるいは、「これはこうやって描くんだよ」「ここに気をつけて描いてごらん」とか、描き方を教えてあげられるかもしれない。

60歳くらいになるまで、僕はそうしようかと思っているんです。

◉小さいけれど密度の高い星

――ここまでやってきて、皆川さんの中ではおおよそ何割くらい、自分のやるべきことが達成できたという感じでしょうか。

体積でいうと1割くらい、密度でいうと3割くらいといったところでしょうか。

ここでなぜ、体積とか密度と言ったかというと、宇宙にある星の中には、小さいけれど密度がある星があって、昔から憧れを持っていたんです。

会社も星みたいな存在になっていけばいいなと。そんなイメージを持っています。

密度がなぜ3割かというと、この会社の理念が、おおよそ3割くらいは固まってきた感覚を持っているし、仕事としてもやれていると感じるからです。

僕がブランドを始めた時、つまり、この星が生まれた時点で、既にある程度の密度を持っていた。その段階で、2割5分くらいはあったのではないでしょうか。

なぜかというと、割合と大きな目標を掲げ、重い理念を抱いてスタートしたからです。

――具体的にどんなことですか。

たとえば「ファッション業界において、川上・川中・川下みたいな工程の中にある従来のヒエラルキーをなくしたい」という決意は、意外と重いことだったと思います。割合濃い密度で始めていますから、ここまで来ることができたし、これからも続けていけるのではないでしょうか。

ただ、規模という点から言えばまだまだ1割程度。

会社としては、密度の高い星を目ざして少しずつ成長している、その途上にあるということです。

02.
会社の成長は人の成長と同じ

◉売上計画は頭の中でいつも変動している

――会社にいると、前年比◯◯％アップといったように、規模の拡大を求められます。

前年比◯◯％アップといった目標を掲げるのは、あまり説得力がないと思い、僕は気にしていません。

なぜかというと、前の年の数字を理由にポテンシャルを最大化し、◯◯％伸ばそうというところから入ると、そこにとらわれてしまうから。

あえて具体的な数値を想定しない、決めないようにしてきました。過去にとらわれず、未来に向けての可能性を自由にとらえたいと考えてきたのです。

かと言って、拡大や成長を否定しているわけではありません。むしろ肯定的にとらえています。

世の中には、会社が成長するために、とにかくたくさん働かなければならないという勘違いがあるように思います。

成長とは、時間やノルマなどの労働負荷が増えることととらえている人が多いのではないでしょうか。でも実は、そうではないというのが僕の考え。

忙しくて時間がないとよく言いますが、実は時間には、隙間が結構あるんです。化学にたとえるなら、分子同士はくっついていなくて、少し離れていて、そこには空間があるんです。だから、その隙間はちゃんとある。

物質としてそういう事実があるわけですから、これは意識についても同様に言えるわけです。

ちゃんとあるから、有効に使える方法をよく考える必要があります。

極端に言えば、仕事の方法やペースには、やりながら工夫して成長させていく努力を惜しまない。そうすれば少しずつ向上し、良くなっていきます。そういう意味で、時間やノルマという固定観念を持ち過ぎない方がいいと思ったりもしますね。

――やっぱり会社が成長していくことは必要なのでしょうか。

会社の成長は、人の成長と同じことだと思っています。

仕事が良くなって成長していけば、結果として会社も成長していく。そういう状態が理想的だと思っていて、自分が成長できていれば、会社も自然と成長します。

僕は、一人一人の社員の成長と同じくらいのペースで、会社も成長していくのが自然なことととらえています。

つまり、目ざすことがきちんと見えて行動できていれば、会社は少しずつでも成長していけるし、やっていることが正しいなら、その活動規模を大きくするのはいいと思うのです。

――やっぱり大きくなっていくことが大事でしょうか。

ある時は小さい会社になるかもしれないし、ある時は大きくなっているかもしれない。必ずしも右肩上がりで成長しなくてもいいんです。

その時代における経営者によったり、従業員によったり、あるいは何か社会的要因があって、縮小したり拡大したりということがあってもいいのではないでしょうか。

ただ、継続性ということは考えてほしいし、大事にしてほしいと思います。

そうするためには、同じことだけやっていてはいけない。別の視点を持っていなくてはならないのです。

僕はいつも、別の視点を探していたいし、これからもそうしていく。社員の皆にも、そうなっていってほしいと思います。

利益を上げていくこともとても大切なことです。

ただ、直近のことで売上が減ったぞ、だから来月は増やさなきゃ、策として商品を作らなくてはとなっていくと、結局、商品が余ったりする。それでは意味がないわけで、十分に気をつけなくてはいけないところです。

目先の利益に左右されず、割合と遠くを見つめ、適正な利益を上げることについて、よく考えていくことが大事です。

――予算や売上計画といったものはあるのですか。

僕らには自分たち都合の予算という考え方はなくて、お客様の必要数を考えるというやり方です。

普段やっている仕事の量から、だいたい今期は何パーセントくらい増えるんだろうな、あるいは何パーセントくらい減るんだろうなということを思い巡らせているのですが、それがいつも変動しているんです。

日々の日報や企画展の結果や、自分たちがこれからやっていこうとしている商品を頭の中で思い浮かべながら、ずっと考えていますね。

◉一定の思考量を越えない限り衰退していく

――皆川さんの頭の中では、いつも売上計画とそれに向けての策があるということですね。経営では前年比アップが求められるものですが、前の年と比べてということも、そこに入っているのですか。

毎月の売上について、前年比ということがよく言われますが、「去年の今頃はいくらぐらい売れていたか」を知る必要はあるけれど、今年はそれを何パーセント上回った、あるいは下回ったみたいなことは、数字として理解はしても、理由について、前の年と比べてどんな出来事があったかの方が大切だと思っています。

今月良い結果が出ない時も、今月の状況が原因じゃない。月や時間だけに問題があるとは考えづらいからです。

結果が良くない時の理由を、外のせいにするのは違うと思います。

「今年は冷夏だった」とか「ファッション業界全体の景気が悪かったから」といったことは、挙げてみたところであまり意味がないこと。お客様がその服と出会って、本当にいいと思ってくれたら、暖冬だからやめておこうということにはならないんじゃないでしょうか。天候はひとつの要因ではあるけれど、全部の理由にはならないし、外的な要因のせいにしても、根本的な問題は解決しないのです。

――かと言って、売れない状態が続くのも困ります。そうなった時はどうするのですか。

どうやって課題に対する策を考えるかというと、その時期に展開したデザインや接客も含め、何がいい状況を生めなかったんだろうと考えることにしています。服作りやお店での接客も含め、やるべきことを最大限にやっていたのだろうかと、あれこれ思い巡らせるのです。

過去に比べて自分たちのデザイン力が落ちている、あるいは良い接客ができていないということかもしれないし、別の問題で気づいていないことかもしれないという、さまざまな要因があると思います。

こういう要因の追求について、今は僕の頭の中でやっているけれど、みんなが考えるという状態までには浸透していないので、これからの課題のひとつだと思っています。

――そうやって皆川さんは、常に何かを考え続けているのですね。

企業も人も、一定の思考量を越えない限り、衰退していくんだと思います。新しいことを考えたり、今やっていることを改善し続けないと、いずれはダメになっていく。だから僕らも、思考を大事にしています。

思考と疑問を持ち続けていかないと、会社が健全に運営され、正しい成長をしていくことが難しくなっていくからです。

◉お客様への還元が増えると利益も増える

――皆川さんにとって、会社の成長とはどんなことを意味するのでしょうか。

単純に売上や利益が上がっていくことだけではありません。

たとえ利益というものが増えていなくても、成長していない理由がわかっていれば、次の成長が期待できます。

チームの内も外もいろいろな要因があって、みんなが問題を納得した上で、どうしたら良くしていけるのか、考えていくことが大事。

そこができていれば、結果的に利益は増えていくはずです。

会社の根底にある考えは、お客様の喜びを作っていきたい、増やしていきたいということです。そして実際にお客様に喜んでいただき、そこを評価してもらえれば、必然的にものの作りに反映されていく、いかざるを得ないと思うんです。

つまり、僕らの経験知やクリエイションの能力が上がって、お客様、ひいては世の中の満足への還元が増えると、それに対応したことへの反応が得られる。そうやってもの作りの環は自然と大きくなっていくということです。

逆に僕らのクリエイションの能力が落ちたり、努力を怠ったりすれば、規模は小さくなっていかざるを得ないんです。

ブランドを立ち上げた時から、僕はそれに近い考え方を持っていたし、今は、よりはっきりしてきています。

――企業の成長は、新しいものを作っていくところにひとつあると思うのですが、ミナではどのようにしているのですか。

お客様の喜びをどうやったら増やせるのかを、いつも探しています。探すとは考えることです。それも、自分たちが何をすべきかを考えることで、「これが売れている」とマーケットを見に行くわけじゃないのです。

何がのぞまれているんだろう、自分たちがまだできていないことで、もっとやれることは何なのだろう、作ったら「これが欲しかった」と喜んでもらえるものって何だろう。そういうことを一所懸命考えるのです。

たとえば、イタリア製のベッドリネンで素敵なものがあって、何万円かしたとします。うちだったらこういうクオリティでいくらになるけれど作っていないな。でも、こういうのがあったらお客様が喜ぶのになと感じたとします。

そして、これくらいの値段で、こういうクオリティのものができて、お客様にもメリットがある。しかも、より良い品質で自分たちのデザイン性を持つものができるとなれば、やってみようにつながるのです。

——何か具体的な事例を教えていただけますか。

ある時、インテリアファブリックを自分たちのオリジナルで作って売るお店を出したらどうかと考えました。

お客様がその布を、ベッドリネンやテーブルクロスに仕立ててもいいし、もしかすると子どもや自分用の服に使うかもしれない。

ところがこれを人に話したところ、「そういうことを始めたら、服が売れなくなるんじゃないですか」と心配する声が上がったのです。

僕は「そんなことはないのでは？　自分たちが作っている服は、一般の方が簡単に縫えるものではないのだから」と答えました。

お客様から見れば、そこにはそれぞれ違う価値があって、喜んでもらえると。

オリジナルのインテリアの布を作って売り、それがお客様の手によって、クッションカバーやスカートなどになって喜んでいただけるなら、それもいいじゃないかと考えたのです。

◉経営は必ずしも体力を消耗しないマラソン

――成長のために、やるべきかやらないべきかという判断は、どこでつけているのですか。

やることによって、お客様や社会に何か喜びが生まれるかどうかで判断しています。そして、一度やると決めたら、多少の障害があっても続けます。始めた時に成功しなくても、やりながら工夫できることってたくさんありますから。そこから派生してくるアイデアも含め、何かが生まれてくるだろうという予測を持ってのぞむのです。

修正したり改善しながら続けていくこと。その過程にこそ、大きな意味があると思っています。

その意味で経営は、まさに長距離を走っていくみたいなもの。短期の瞬発力ではなく、長期の持久力を持ってやっていくことを大切にしてきたのです。

――陸上と経営とで違うところは何かありますか。

おもしろいと思うのは、企業は人と違って体力を消耗しない。逆に、走っているうちに、体力がついていく可能性があることです。一方で、何もしないうちに体力がなくなるということもあります。

人間が長い距離を走る時は、ゴールまで体力を維持できるようにペース配分しなければなりませんが、企業はそこを心配する必要はなくて、走っているうちに、どんどん元気になっていくこともあるんです。

時に企業は、樹木に似ていると思うこともあります。

動物の場合、おおよそ100年くらいの寿命の中で、徐々に老いていくじゃないですか。でも樹木は何千年もの寿命を持っているものもあって、その間ずっと成長し続けるのです。歳を重ねるごとに幹が太くなり、枝が増えていく。しかも、成長に向かうエネルギーが強いほど、可能性の芽が増えてくるんです。

――可能性の芽とは、どういうことですか。

たとえば、服を作っている部署で出たハギレをもったいないと思い、バッグを作った時、そこから芽と芽がつながって、たくさんのかけ合わせが生まれたのは、良い例かもしれません。

最初はアトリエで出るハギレをパッチワークにしてバッグを作っていたのですが、工場で出る余った布も同じようにできないかということで、それも集めようということになり、福祉施設の人にお願いしてみたらどうか、もちろん対価をお支払いしてというアイデアが出てきたのです。

そうやってたくさんのハギレが集まるようになってくると、今度は自分たちでパッチワークするだけじゃなくて、キルティングやパッチワークを趣味としている女性たちに向けて、布の組み合わせキットとして売ってみようというアイデアが出てきました。やってみたら予想以上によく売れたので、一部を社会活動にあてることにしたのです。

一片のハギレから始まって、アイデアがつながったり、人がつながったりすることで、いろいろなところへの波及効果が起きていくというのは、会社ができることのひとつだし、そこを僕らはおもしろがりながらやっていきたいと考えています。

03.

社会への「貢献」

◉「もっと貢献してほしい」は前に進むエネルギー

――経営とは、ある目的をもって何らかの事業を行なっていくことですが、本質的な意味はどこにあると思いますか。

これは労働についても同じように言えることですが、社会に「貢献」することに意味があると考えています。

僕らが何らかのかたちで貢献できていれば、当然のことながら、もっと貢献してほしいとなり、さらに前へ進むエネルギーになっていくのです。

その意味では、たとえば安価で大量にものを作っているけれど、相当数を廃棄している仕事は、社会への貢献度が低いと言えるのではないでしょうか。

なぜなら、たとえ生産という意味での貢献が100あったとしても、その中で廃棄する分が10％あったとしたら、自分たちの使ったエネルギーのうち90％しか役に立っていないということですから。

それしか貢献していないのですから、収益は悪化していくし、長い目で見た時に継続できなくなっていくのは当たり前とも言えます。

そうではなく、100のエネルギーをできるだけそのまま社会が受け入れてくれる、使ってくれるようなものを、僕らは作っていきたい。そうすれば自ずと、継続もうまくいくと思うんです。

――そこにお金がついて回ります。経営の中でお金が増えていくことは、やはり重要なのでしょうか。

会社が継続し、成立していくために、お金ははずせないものであり、経営の中で大切なものです。

これがなくなってしまったら大変です。会社として「買いたい」「作りたい」をやっていく可能性が減ることになるので。より良い活動を行なっていくために、お金は必要不可欠なのです。

――会社としての投資や上場については、どういう考えを持っていますか。

そもそも僕には経営の資質があると思っていません。

うちの会社のお金については、もの作りやそのお手伝いで生み出した売上でまかない、そこだけで循環させていくという、すごくシンプルな構造にしています。

もの作りに専念することが、会社をもっとも良く活かす方法になると思っていて。それ以外のことで、お金の問題が発生しないようにやってきたのです。

そういうお金の使い方をしてきたことが、会社や社員にとって、ストレスにならなかったということはあるかもしれません。

上場についても否定しているわけではありません。

市場からお金を預かって、それを社会に還元したいというエネルギーがある。だけど今の収益だけでは足りないので、上場してお金を集めて目的を実行したい。そしてその成果をまた社会にもどしていきたい。そういう理由があれば、上場するのも良いことだと思っています。

ただ、もっと儲けよう、もっと大きくなろうということだけでの上場は、僕の考えの中にはありませんね。

◉収益ベースだけでないバリューを見るのが経営

――そうすると、経営がうまくいっているかどうかは、どのように測ればいいのでしょうか。

経営とは、収益ベースでいくら儲かったかどうかを見る仕事ではありません。お金を上手に使ってどれだけの社会価値になっているんだろうと測ってみることが、僕が考えるところの経営です。

たとえば、青山の「コール」は、出店に際して、それなりのお金が必要でした。でも「コール」という新しい場を作ることで、お客様が、世界中のいろいろなものを見て選んだり、カフェでゆったり過ごして豊かな気持ちになってくれる。

服や雑貨、カフェ、食料品マーケットで働いている人たちが嬉しさを感じてくれる。それは素晴らしいと考えたのです。

つまり、看板を出してブランドの認知を高めることと、お店を作っていろんな人の暮らしに喜びをもたらすこと、どちらをやるのがバリューを生み出すかと考え、同じ金額を使うなら、後者の方がバリューが高いと判断したのです。

——あれだけの一等地に、カフェも食料品マーケットもあるゆったりしたお店を作り、採算は合っているのですか?

継続するには十分です。

カフェをやったり、食料品マーケットをやったりというのは、僕らも初めての経験ですから、新しいことへの挑戦でした。

食材を扱うのも初めてでしたが、僕にとっては、割合と自然なこと。材料を吟味し、技術や労力を惜しまずに服を作っていくことは、食材を育てることや料理することと同じと思ったのです。

小さいながらも良いものを作っている生産者は、日本に限らず世界中に存在しています。小規模ゆえに流通することが難しく、僕らが知ることが難しい食材が山ほどある。そういう生産者の方々を紹介できる場を作りたいと、ずっと思ってきたのです。

しかも、食材を買っていただくだけでなく、隣にあるカフェと連動させられるんです。たとえば一緒に仕入れたものが悪くならないうちに、カフェで料理してお客様にお出しするといったように。食材を無駄なく活かしていける。

これをやれるのはいいなと思いました。

最初から、食料品マーケットの収益は多くなくてもいいと思ってやることを決めたのです。

なぜかというと、無農薬のものを、日常的に多くの人に食べられる環境を作れればいいというのがひとつと、それをめがけてお客様が来てくださり、気に入った方が、何かを買って帰ったり、カフェで過ごしたりしてくれれば、人の循環もお金の循環も生まれるからです。

これも、収益ベースだけでなく、全体としてどれだけのバリューになっているかを考えた結果です。

僕らの範囲でできる最高に良いものを作ること。それがお客様の満足につながっていくこと。両方の要件を満たす必要があると強く意識しています。

すべてはお客様にとって、良い仕事とは何か、良い会社とは何かということにひもづいていくんです。

◉うまくいってない状況は良い土壌

――皆川さんの話をうかがっていると、経営についての本質的な興味を若い頃から持っていたような気がします。

経営とはお金を儲けるためだけでなく、働くことを通して社会に役立っていくこと、人間としての自分を磨きながら成長していくことで、それはおもしろいと思いました。

経営とは、会社の働きが、どう社会に還流していって、どう役立つかをかたち作ることであり、その部分についての責任を持つことという意識は、僕の中で徐々にできあがってきたものです。

オーストリアの精神医学者であるビクトール・フランクルの書いた本は、経営する上でとても役に立っています。

ナチスの収容所に入れられた人ですから、明日死ぬかもしれないのに、「この今も幸せを見つけることができる」というところから出発している。その考えは貴重だと思ったのです。人間は、どういう状況にあっても、一変して違う行動をとれる可能性がある。今までの生き方とがらりと違う人生を生きることができる。

経営とは、うまくいったりうまくいかなかったりの連続ですが、うまくいっていればいいとも限らない。そう思っています。

うまくいっていない中にも、経営する喜びや、経営する意味は含まれている。うまくいっていない状況も、悪い環境というわけではないのです。

その事実はマイナスに見えているけれど、俯瞰してみると、マイナスから生まれているさまざまな要素には、良いこともたくさん含まれています。

この世の中にマイナスしか持っていない「こと」ってあるのだろうか、きっとないんじゃないかと思っているのが、経営に対する僕の考えの根っこなのかなという気がしますけど。

自分ができないことに出会った時に、できないという状態でいるよりは、自分にできることを何か見つけるというか、これはできないけれどもこれはできるし、できないということはこういう良さがあるとか。マイナスの要素の中に、自分にとってはプラスの要素があるのではないかと探してみる。僕はずっと、そういうことをしてきたんだなと思います。

そうやって自分はどうあるべきか、経営とはどんな意味を持っているかが、自分の中で少しずつできあがってきたように感じてますね。

あとがき

皆川明

私はこの仕事に出会い、この一回の人生において歩き続ける決心をして今もこうして歩いている。そこは舗装された道ではないが傍には花が咲き蝶や蜂の飛び交うささやかだが賑やかな道のようだと感じている。私はこの仕事に出会えたことに感謝している。私自身は高性能のスーパーカーではない。農道を卵を割らずに走る小さなエンジンを積んだ小型車のようなタイプの人間だからだろう、デコボコの細い道が性に合っている。この本で自分の仕事を振り返る時、私がここまで続けてこられたのは素晴らしい出会いに恵まれたこととその関係が長く続いているお陰に他ならないとあらためて実感する。ミナ ペルホネンを共に歩んでくれるスタッフ、ものづくりにおいての職人の皆様、知恵を貸してくださる先輩方、そして私達のものづくりの良き理解者であるお客様。その全ての人との関係性が私達のものづくりを支えてくださっている。この本で私が運営について質問に答える事は私がこれまでの経験で感じた事、慣習や既成概念の中にある疑問、それらから想起する思考もそれぞれの場面で出会った人からヒントを得たと言えるだろう。そして今までに経験したものづくりの現場で感じた些細な疑問の集積をひとつずつ好奇心と自分の信念の中で試みる日々はこの仕事における私の創作の種となって私を次の課題へと導いてくれた。人生はあまりに短く、空想はあまりに果てしない。この矛盾は私の仕事への目的を長期的なものとしてくれた。自分の人生では到底届かない目的に向かうことがその人生の意味を担ってくれると理解する事ができた。日々の気づきは畑の小さな雑草を見つけ摘んでいくような地道な解決を私に課す。作物を育てるのが目的なのか雑草を抜くのが目的なのか外から見ていたらわからなくなるような仕事だ。けれど、実際には雑草を抜いていく実作業こそが作物を育てていく事なのだ。私は夜間の服飾学校に通いましたが、絵やテキスタイル、そして経営について学問として勉強した事はない。新たなテキスタイルの表現、それを継続する為の経営は共に働く人との会話、日々の暮らしへの関心、友人とのたわいも無い会話、世界に起こる様々な出来事、そしてファッション界に起こる環境の変化や事象から思考は生まれ行動へと繋がっていく。

未来はどこに向かうのか肌感覚で感じながらデザインという表現をし、それを共に関わる人達の労働とし、生活の糧へと変換してきた。私にとってここまでの仕事の経験はデザインというものの本質的な意味や存在を探求するものだった。今、私はデザインというものを〝ホスピタリティの具体化〟を社会から生まれる期待から生み出すことだと理解している。そのデザインを具体化し、継続する為の経営とはデザインの外側に在るのではなくデザインのプロセスの中にあると考えている。それらは複雑に連携する労働のプロセスを調和としてまとめ上げるコネクター的役割として存在している。朧げに信じる経済が拡大する事でもたらされる幸福とは何だろうか、デザインはそこに貢献ができるのだろうか、人が求める〝本質的な喜びのある暮らし〟にデザインが貢献するには何をすれば良いのだろうか。その問いに答える事が私の課題でありこれから続いている道の景色だと思っている。

この本のタイトルを『Hello!! Work』と名付けた。日本ではカタカナのハローワークは職業安定所を意味している。今回あらためてこの言葉の響きの意味を考えたかった。仕事に出会う時、その機会を自分の人生の喜びや大切な体験を生む場として向き合い、そこから生まれる人や社会との関わりによって自分の思考や労働が他者の暮らしや社会を創るという喜びを実感できたらという願いが込められている。

追記

そして今、新型コロナウィルスによる社会変化をもって、私たちの舵取りは新たな思考と精神を必要とし進まなければならなくなった。

変化とはその始まりにおいて困惑や乱れをもたらすものではあるが、その変化が新たな世界だと受け入れた時、人はそこでの快適を模索して適応できるのだと思う。ファッションにおいても私の知る限りでもＤＣブーム、セレクトショップの台頭、ファストファッション、など様々な業態がその時代の主流となってきた。これからの社会でもその時代の最善と思われるものが生まれ、そこにはやはり欠点も抱えてそれが徐々に顕著化し、また新たな方法が模索されるだろう。このコロナ以降においてはファッションだけではなく暮らし全般において大きなトレンドというよりは個々の価値観がより大切になるのだろう。仕事、家族、個人と一人の中にあるそれぞれの環境においてこれからの心地良さとは何かという問いが全ての環境で生まれ、その答えこそこれからのものづくりの新たな出発点となるだろう。生き物で言えば代謝という変化ではなく脱皮に近い変化かもしれない。それは大いに希望が持てるのではないだろうか。そして私たちのものづくりにおいては信頼できる作り手なくしては成り立たず、特に国内の工場の生産は欠かせないものだ。その部分は現在衰退傾向にあるので、私たちはそれを同じ船の乗組員として舵取りを共にしていかなければ私たちの継続も難しくなる。だからこそこの時代の変化を機に隣人となる生産者と共に同じ方向を定めて、視線は遠くの理想を目指し、手は手元の仕事を大切に積み上げていきたいと思っている。

この先の人々の暮らしがこの変化を乗り越えて新たな喜びを見つけていくことに希望を持ちたい。

◯川島蓉子

伊藤忠ファッションシステム株式会社取締役。ifs未来研究所所長。ジャーナリスト。日経ビジネスオンラインや読売新聞で連載を持つ。著書に『TSUTAYAの謎』『社長、そのデザインでは売れません！』（日経BP社）、『ビームス戦略』（PHP研究所）、『伊勢丹な人々』（日本経済新聞社）、『資生堂ブランド』（文春文庫）、『老舗の流儀　虎屋とエルメス』（新潮社）、『すいません、ほぼ日の経営。』（日経BP社）など。

◯皆川明

一九九五年、ミナ ペルホネンの前身となるミナを設立。流行に左右されず、長年着用できる普遍的な価値を持つ「特別な日常服」をコンセプトとし、日本各地の生地産地と深い関係性を紡ぎながら、オリジナルの生地からプロダクトを生み出す独自のものづくりを続けてきた。ファッションからスタートした活動は、その後インテリアや食器など生活全般へと広がり、デザインの領域を越えてホスピタリティを基盤にした分野へと拡張。主な個展に「ミナ ペルホネン／皆川明　つづく」「1∞ミナカケル」。著書に、『ミナ ペルホネン／皆川明　つづく』（青幻舎）、『ripples』（Rizzoli International Publication, Inc）など。

扉のテキスト　p21,85,163,219,265：皆川明

前見返し　写真：王華

後見返し　写真：森本美絵

第二章後の口絵　ph1,3：森本美絵　ph2,4：sono

第三章後の口絵　ph1：三部正博　ph2,3：在本彌生　ph4：L.A.Tomari

Hello!! Work

僕らの仕事のつくりかた、つづきかた。

二〇二〇年九月九日　初版第一刷発行

著者　川島蓉子　皆川明

編集協力　ミナ ペルホネン

編集　熊谷新子

発行者　孫家邦

発行所　株式会社リトルモア

〒一五一―〇〇五一　東京都渋谷区千駄ヶ谷三―五六―六

電話　〇三―三四〇一―一〇四二

ファックス　〇三―三四〇一―一〇五二

info@littlemore.co.jp　www.littlemore.co.jp

印刷・製本　中央精版印刷株式会社

カバー活版印刷　日光堂

ISBN 978-4-89815-519-6 C0034